クロスセクショナル統計シリーズ

2

政治の統計分析

河村和徳
［著］

照井伸彦・小谷元子・赤間陽二・花輪公雄
［編］

共立出版

本シリーズの刊行にあたって

　現代社会では，各種センサーによるデータがネットワークを経由して収集・アーカイブされることにより，データの量と種類とが爆発的と表現できるほど急激に増加している．このデータを取り巻く環境の劇変を背景として，学問領域では既存理論の検証や新理論の構築のための分析手法が格段に進展し，実務（応用）領域においては政策評価や行動予測のための分析が従来にも増して重要になってきている．その共通の方法が統計学である．

　さらに，コンピュータの発達とともに計算環境がより一層身近なものとなり，高度な統計分析手法が机の上で手軽に実行できるようになったことも現代社会の特徴である．これら多様な分析手法を適切に使いこなすためには，統計的方法の性質を理解したうえで，分析目的に応じた手法を選択・適用し，なおかつその結果を正しく解釈しなければならない．

　本シリーズでは，統計学の考え方や各種分析方法の基礎理論からはじめ，さまざまな分野で行われている最新の統計分析を領域横断的—クロスセクショナル—に鳥瞰する．各々の学問分野で取り上げられている「統計学」を論ずることは，統計分析の理解や経験を深めるばかりでなく，対象に関する異なる視点の獲得や理論・分析法の新しい組合せの発見など，学際的研究の広がりも期待できるものとなろう．

　本シリーズの執筆陣には，東北大学において教育研究に携わる研究者を中心として配置した．すなわち，読者層を共通に想定しながら総合大学の利点を生かしたクロスセクショナルなチーム編成をとっている点が本シリーズを特徴づけている．

　また，本シリーズでは，統計学の基礎から最先端の理論や適用例まで，幅広

く扱っていることも特徴的である．さまざまな経験と興味を持つ読者の方々に，本シリーズをお届けしたい．そして「クロスセクショナル統計」を楽しんでいただけけることを，編集委員一同願っている．

編集委員会　　照井 伸彦
小谷 元子
赤間 陽二
花輪 公雄

はじめに

政治と統計の関係——語源から

　歴史を振り返ってみると，古代より為政者（またはそれを支える者）には統計的なセンスが求められていたことは間違いない．それは，言葉の語源から確認できる．たとえば，「治（める）」という漢字を頭に思い浮かべてほしい．「治」は，川（氵(さんずい)）に作為を加える（台）ことをもとにしている．

　古代中国では，民の安全を守り，農業を行ううえで，河川の氾濫を食い止めることが為政者の大きな使命であった．「川を治めること」が「国を治めること」であり，国を治めるうえで重視されていたのが，民の数を把握することであった．民は納税者であり，兵士であり，そして河川工事の労務者だったからである．民の数は国力と同義であったことから，中国では，「戸」と呼ばれる家族集団単位で民の数を把握する仕組みが発達した．そして，その制度は日本にももたらされ，飛鳥時代の「庚午年籍(こうごのねんじゃく)・庚寅年籍(こういんのねんじゃく)」となり，豊臣秀吉による「太閤検地」などを経て，現在の戸籍制度・住民基本台帳制度につながっている[1]．

　東洋だけではなく西洋においても，民の数を把握することは政治の基本であった．それは，「state（国家，州）」と「statistics（統計学）」の語源からうかがい知ることができる．この2つの語源は，ラテン語の「状態」を意味する単語 status といわれる．国を示す state は，同意のイタリア語 stato に「現在の支配体制・支配機構」という意味が付加されたことに起因する．一方，statistics という単語は，「社会の人口や経済といった『状態』を把握する」という意味か

---

[1] 戦前の戸籍制度は，徴税・徴兵のための制度としての位置づけが濃く，「家制度」の根幹をなす制度であった．

ら派生した[2]．

今日，政策の立案・遂行のために国家が統計をとることは，日常的に行われている[3]．生産者人口（労働力の中心となる15歳以上65歳未満の人口）が把握できれば国の歳入額の見込みがつき，65歳以上の高齢者人口がわかれば高齢者福祉にかかるおおよその予算を推測することができるからである．

日本では，公的統計の作成や提供などを定めた法令として**統計法**[4]がある．国の組織が統計調査を行う場合，統計法の規定によって，事前に総務大臣の審査・承認を受けることになっている[5]．現在の統計法では，「公的統計は行政利用だけではなく，社会全体で利用される情報基盤」と位置づけられている．国勢調査など，国が行った統計は，「**政府統計の総合窓口 (e-Stat)**[6]」で検索することが可能である．

学ぶに際して

法学部の学生に「進学するにあたり，なぜ法学部を選んだのか」と尋ねたら，「高校時代，暗記が得意で社会の点数がよかったから」と答える者が多いのではないだろうか．「公務員になるには，法律・政治といった社会の仕組みを学ぶ法学部が有利」と思って選んだ者もいるかもしれない．たしかに，私たちが暮らす社会は法律に基づいて成り立っており，社会の仕組みを知っているほうが生活上，有利である．そのため，政治家や公務員になりたいというのであれば，法律や制度の理解は必須である．しかし，「法律や制度を覚えてさえいれば，政治家や公務員としてやっていける」という姿勢は，今日では通用しない．近年では，住民の意向を数値で把握できたり，政策の評価を定量的に測定できたりすることが，より重視されるようになっている．とりわけ，説明責任を果たす観点から，社会を数値で把握できる公務員を求める地方自治体は増える傾向にある．

---

[2] statisticsに「統計データ」の意味と「統計学」の意味があるのは，このような歴史的経緯を反映しているといえるだろう．
[3] 細野 (2005) や伊藤 (2011) など，政策立案の観点から書かれた類書も出版されているので，チェックしてみるとよいだろう．
[4] 現在の統計法（平成19年 法律第53号）は，旧統計法（昭和22年 法律第18号）を全面改正する形で成立した．
[5] 統計法について (http://www.stat.go.jp/index/seido/1-1n.htm)
[6] 政府統計の総合窓口 (e-Stat) (http://www.e-stat.go.jp)

はじめに

　政治学の研究分野も，統計的手法を用いた実証研究が当たり前になりつつある．特に，現代政治を学び，分析するのであれば，**社会調査法**や統計学を学ばねばならない時代となった．「あろう・だろう」の水掛け論に終始するのではなく，データで仮説を検証することが求められているのである．

　本書は，数式はやや苦手だが，社会をデータで読み取ることに関心のある法学部生や公共政策大学院生，また実際の現場で統計分析をする必要がある地方公務員を対象としている．社会や政治を統計で把握したい初学者向けの入門書と，言い換えてもよい．そうした事情もあり本書は，「統計量の計算は統計解析ソフトにお願いしながら，『習うよりも慣れろ』で社会科学分野における統計を理解していく」というスタンスをとる．「習うより慣れろ」方式を採用するのは，講義での経験から「数学に若干の不安を抱いている初学者にとって，そうした方式のほうが理解は進む」と筆者が思うからである．もちろん初学者であっても，統計学をきちんと理解してから報告書や論文を書くべきである．ただ，教育する側がそうした姿勢を強く求めると，初学者，特に研究者志向ではない者はかえって萎縮してしまい，「統計は難しい」と距離をおいてしまうことになる．筆者としては，報告書や論文を書くことも大事であるが，初学者の段階では自分の素朴な問題意識をデータで検証するぐらいの軽い感覚で接するほうが，統計学に親しみをもちやすく，抵抗感なく学んでいけるのではないかと思う．

　なお本書では，章末に練習課題だけではなく，レジュメ（論文の内容等を簡潔にまとめたもの）を作成する課題をつけている．レジュメを作成しながら，先行研究で統計分析がどのように用いられ，結果がどのように解釈されているかについてを学ぶことも，社会科学の分野では大事である．学習する際には留意してほしい．

　加えて，政治分野の統計分析をより深く学んでいきたいのであれば，ヒアリングなどといった質的調査の手法も覚えるべきであることを指摘しておきたい．もし，あなたが政策立案などに従事する公務員などを目指しているのであれば，なおさらである．なぜなら，統計分析ばかりを行っていると，分析結果の解釈が世ずれしてしまうからである．

　某TVドラマではないが，政治は「研究室の中ではなく，現場で起きている」．世ずれした数値の解釈をしないよう，社会にアンテナを張ることも忘れないで

ほしい.

2015 年 2 月 著　者

目　　次

第1章　統計分析を行う前の準備　　1
1.1　実験と調査 1
1.1.1　全数調査と標本調査 2
1.1.2　個票データと集計データ 2
1.2　尺度水準 4
1.2.1　名義尺度 4
1.2.2　順序尺度 5
1.2.3　間隔尺度 7
1.2.4　比率尺度 8
1.2.5　尺度間の関係 9
1.3　データセットと統計解析ソフト 9
1.3.1　データセットの作成 9
1.3.2　統計解析ソフトの活用 11

第2章　世論調査　　13
2.1　調査の誤差 14
2.1.1　非標本誤差 14
2.1.2　標本誤差 15
2.2　世論調査とは 16
2.3　世論調査の調査手法 17
2.3.1　訪問面接法 17
2.3.2　訪問留置法 17

   2.3.3 郵送法 18
   2.3.4 電話調査 18
 2.4 標本の抽出 18
   2.4.1 多段抽出法 19
   2.4.2 系統抽出法 19
   2.4.3 名簿の閲覧（選挙人名簿の例）........ 20
   2.4.4 ランダム・デジット・ダイヤリングによる抽出 24
 2.5 回収率を高める工夫 25
 2.6 パネル調査・比較調査 26
 2.7 データ・アーカイブ 27

第3章　記述統計とグラフ表現　　30
 3.1 記述統計 30
   3.1.1 データの中心性を示す代表値 30
   3.1.2 データの散らばり具合を示す代表値 32
   3.1.3 標準得点 35
   3.1.4 その他の代表値 36
 3.2 信頼区間 36
 3.3 グラフによる表現 37
   3.3.1 棒グラフ 38
   3.3.2 折れ線グラフ 38
   3.3.3 円グラフ 39
   3.3.4 帯グラフ 40
   3.3.5 ヒストグラム 41
   3.3.6 箱ひげ図 42
   3.3.7 散布図 42
   3.3.8 それ以外のグラフ 43

第4章　平均値を用いた検定　　46
 4.1 仮説と有意水準 46

| | | | 4.1.1 | 帰無仮説と対立仮説 . . . . | 47 |
| | | 4.1.2 | 有意水準 . . . . | 48 |

4.2 平均値の差の検定 49

- 4.2.1 t 検定の使われる場面 49
- 4.2.2 標本が対になっていない場合の t 検定 50
- 4.2.3 標本が対になっている場合の t 検定 52

4.3 標本平均の検定 53

第 5 章　相関分析と単回帰分析　　56

5.1 相関係数 56
- 5.1.1 相関係数 56
- 5.1.2 偏相関係数 58
- 5.1.3 無相関の検定 61

5.2 単回帰分析 61
- 5.2.1 最小二乗法 61
- 5.2.2 決定係数 63
- 5.2.3 決定係数の検定 64
- 5.2.4 回帰係数・定数項の検定 66

第 6 章　重回帰分析　　68

6.1 重回帰分析の基礎 69
- 6.1.1 定数項・回帰係数の算出方法 69
- 6.1.2 標準化回帰係数 70

6.2 ダミー変数と回帰式 73

6.3 多重共線性と変数選択 76
- 6.3.1 多重共線性 76
- 6.3.2 変数の選択 77
- 6.3.3 決定係数に対する姿勢 78

第7章　ロジスティック回帰分析　　80

- 7.1　ロジスティック回帰分析 81
  - 7.1.1　ロジスティック関数 81
  - 7.1.2　政治行動の分析とロジスティック回帰 83
- 7.2　ロジスティック回帰分析の実例 83
  - 7.2.1　用いるデータについて 84
  - 7.2.2　ロジスティック回帰分析の実施結果 85
  - 7.2.3　疑似決定係数 86
- 7.3　多項ロジスティック回帰分析 87
  - 7.3.1　多項ロジスティック回帰分析の考え方 87
  - 7.3.2　順序ロジスティック回帰分析 89

第8章　クロス集計と連関係数　　91

- 8.1　クロス表 92
- 8.2　関連性を示す統計量 95
  - 8.2.1　クラメールの V 95
  - 8.2.2　ユールの $Q \cdot \varphi$ 係数 96
  - 8.2.3　ケンドールの τ_b・スチュアートの τ_c 97
  - 8.2.4　実際の計算 99
- 8.3　カイ2乗検定による独立性の検定 99
  - 8.3.1　カイ2乗検定 99
  - 8.3.2　カイ2乗検定での留意点 101
- 8.4　多重クロス表 101

第9章　主成分分析　　103

- 9.1　主成分分析の考え方 104
- 9.2　主成分分析の計算手順 106
- 9.3　主成分分析の結果の解釈 107
- 9.4　主成分得点の回帰分析での利用 109

第10章　因子分析　　113

- 10.1 因子分析の概要 114
  - 10.1.1 共通性 114
  - 10.1.2 因子の抽出 115
  - 10.1.3 因子軸の回転 116
  - 10.1.4 因子の数 119
- 10.2 因子分析の実例 119
  - 10.2.1 意見の分布 120
  - 10.2.2 因子分析の結果と解釈 120
- 10.3 コレスポンデンス分析 122

第11章　クラスター分析　　125

- 11.1 階層的クラスター分析と非階層的クラスター分析 126
- 11.2 距離と類似度 126
  - 11.2.1 距離 126
  - 11.2.2 距離算出の実践 128
  - 11.2.3 類似度 129
- 11.3 クラスターの結合方法 130
- 11.4 クラスター分析の実施と留意点 131
  - 11.4.1 クラスター分析の実施 131
  - 11.4.2 クラスター分析を行ううえでの留意 134

第12章　時系列分析　　136

- 12.1 時系列データを扱う際の留意点 137
- 12.2 自己相関係数 138
  - 12.2.1 自己相関係数の概要 138
  - 12.2.2 自己相関係数の計算 139
- 12.3 時系列モデル 142
  - 12.3.1 自己回帰モデル 142

12.3.2　ボックス・ジェンキンス法 143

付　表 　　　　　　　　　　　　　　　　　　　　　　　　145
　　付表 A　標準正規分布 145
　　付表 B　カイ 2 乗分布 146
　　付表 C　t 分布 147
　　付表 D　F 分布 148

参考文献　　　　　　　　　　　　　　　　　　　　　　　　155

索　引　　　　　　　　　　　　　　　　　　　　　　　　　159

1

統計分析を行う前の準備

 統計分析を始めるには，まずデータを集める必要がある．データは道端に転がっているわけではない．データを集めるためには少なからず費用がかかるし，統計分析がしやすいよう**原データ (raw data)** の加工も求められる．

 統計分析の手法を覚える前に，データの集め方やコンピュータへの入力について理解しなければならない．ここでは，そうした統計分析をするための準備について説明する．

1.1 実験と調査

 政治学では，さまざまな手法を用いて政治現象を分析する．政治の担い手たちに聞き取り調査を行ったり，彼らの書いた文献などを収集したりして考察を行う者もいる．歴史的な観点から研究しようとするならば，旧家の蔵で歴史的史料を探したりするであろう．世界各国の民主制を比較したいのであれば，諸外国を訪問して資料を集めたりすることになる[1]．

 統計分析も，政治現象を解き明かすうえでの1つの手法である．統計分析で政治現象を分析しようとする場合，その分野の如何にかかわらず，観測結果からつくられた**データセット (dataset)** の準備が必要となる．

 政治学（社会科学）の分野では，社会調査法に基づく**調査 (survey)** による

---

[1] 近年では，航空網と高速通信網が発達したこともあり，留学しなくとも海外の情報を手に入れることができるし，世界を股にかけた巨大研究プロジェクトへの参加も容易になっている．

観測がふつうである[2]．自然科学の分野では，**実験 (experiment)** によって観測が行われるが，社会科学で実験によってデータを収集することは，極めてまれである．

分析の単位の確定は，データを集める前にしておかなければならない準備の1つである．問題関心と分析する単位の関係が適切であるかの確認も，データを集める前に必要となる．もし，選挙での投票参加を分析したいのであれば，分析の単位は「有権者」となる．問題関心が個々の有権者の政治参加行動ではなく，自治体ごとでの投票率の違いであるならば，分析の単位は「地方自治体（都道府県や市区町村）」となる．

1.1.1　全数調査と標本調査

社会調査法に基づく調査において，調査の対象になり得るすべてのケースを集めたものを**母集団 (population)** という．そして，この母集団すべてを調べる調査のことを，**全数調査（complete survey，悉皆調査とも）**という[3]．全数調査の好例が，国勢調査である．国勢調査は，調査をすることになっている年の10月1日時点での日本の全人口を対象に行われる調査である．

全数調査は対象すべてを調査するため，時間も費用も，そして労力もかかる．母集団の大きさがかなり小さくない限り，全数調査を個人で行うことは不可能である．そのため，一般的に行われている調査のほとんどが，母集団の一部を**標本 (sample)** として抽出し調べる**標本調査 (sample survey)** である．

「マスメディアが毎月のように**世論調査 (public opinion research)** を行っているのに，私の家の電話には1回もかかってこない」という声をよく聞くが，それは，マスメディアの世論調査が標本調査で行われているからにほかならない．

1.1.2　個票データと集計データ

データには，ミクロ的な検討を可能にする**個票データ**と，その個票データを

---

[2] 日々の生活を送るなかで実験を行うことは容易ではなく，研究室内で実験をしたからといって，それが実験室の外（社会）で再現される保証もない．しかしながら，政治学の分野においても「研究室内で実験しよう」という試みはある（肥前，2011）．

[3] 国勢調査や一定の社会集団全体を対象とした大規模な全数調査のことを，**センサス (census)** と表現したりもする．なお，センサスの語源は，ローマ時代の人口調査に由来する．

集計した結果である**集計データ**がある．個票データを収集するのは非常にコストがかかり，個人情報の保護の観点からデータ管理に細心の注意を払う必要がある．一方，集計データはマクロ的な動向の分析が可能で，国や地方自治体，団体などが公開している冊子やホームページから収集できることが多い．また，日経 NEEDS[4]のような商業データベースから有料で手に入れることもできる．ただし集計データのなかには，集計の際に情報が失われ，詳細な議論が難しいものもある．

なお，集計データを用いた分析は，暗黙の前提がおかれる場合があるので留意する．このことを，「我田引鉄[5]」仮説を例に考えてみる．「我田引鉄」仮説に関するデータによる検証は，斉藤 (2010) に代表されるように，公共インフラ投資には政治力が含まれていると見なし，それに関する変数と，自民党の得票率との関連性を指摘する「マクロレベル」の考察が中心である．ただ，この検証方法は，

① 自民党有力政治家が交通インフラ整備に影響力を行使していることを，当該選挙区の有権者は認識している．
② 当該選挙区の有権者はそうした影響力の行使を評価しており，それに基づいて当該有力政治家へ投票している．

の 2 点をその前提としている（河村, 2013）．交通インフラ投資に関する変数と，自民党有力政治家の得票率との間に統計的に有意な関係があるとデータ的に確認できたとしても，偶然そうした結果が得られたのかもしれないし，そもそも分析の前提が誤っている可能性は否定できない．そう考えると，議論の前提が正しいかについては，集計データだけではなく個票データによる確認も大事であることに気づくだろう[6]．

---

[4] 日経 NEEDS (http://www.nikkei.co.jp/needs/)
[5] 政治家が自らの集票のために選挙区に鉄路を引き，地元の支持者はそれに応えてその政治家に投票するという仮説．
[6] この「マクロ－ミクロ」問題をより深く勉強したい者は，Coleman (1990) を読むとよい．

1.2 尺度水準

「あなたの身長は何 cm ですか？」と尋ねられたとき，あなたはどう答えるだろう．175cm であれば，「私の身長は 175 cm です」とふつうは答えるであろう（ひねくれた人は「私の身長は 1.75 m です」と答えるかもしれないが）．「あなたは大学何年生ですか」と聞かれたとき，4 年生であれば「大学 4 年生です」と返すであろう．我々の日常会話を振り返ると，数値を使ってのコミュニケーションが多いことに気づく．

ある事象が決まって同じ値をとる場合，「それは**定数 (constant)** である」といえる．しかし，値は社会現象を観測するたびに異なってくるのがふつうである．投票率を例に挙げる．投票率は，時代によって，自治体によって異なっている．投票率のように観測するたびに値が異なるようなものは，「それは**変数 (variable)** である」となる．「立候補者の年齢」や「投票所数」，「自治体の予算額」や「公務員の給与」なども変数である．政治の統計分析は，定数よりも変数を重視するのが基本である．

統計的分析手法は，変数を測定する際に用いられる尺度水準に依存する．そのため，まず尺度水準について解説していく．尺度水準には，**名義尺度 (nominal scale)**，**順序尺度 (ordinal scale)**，**間隔尺度 (interval scale)**，**比率尺度 (ratio scale**，比尺度，比例尺度とも**)** の 4 つがある．

1.2.1 名義尺度

この水準では，数字は単なる「名前」として割り振られる．たとえば，日本の大学にはそれぞれ機関コードが割り振られている．東北大学の機関コードは 11301 であり，北海道大学は 10101 である．公立大学である宮城大学は 21301，私立大学の東北学院大学は 30302 である．よく見れば，万の位が 1 ならば国立大学，2 ならば公立大学，3 ならば私立大学を意味しており，法則性があることがわかる．ただし，各大学に割り振られた数値はあくまでも便宜的につけられたものであり，この数値を使って足し算・引き算を行うことに意味はない．国民や法人に番号を割り振る「マイナンバー」も，大学の機関コードと同種であるといえる．

マスコミや研究機関が行う世論調査などでは，回答者の社会的属性（性別や年齢，学歴等）を知るため，選択肢が名義尺度である設問を用いることがしばしばである．たとえば例 1.1 は，筆者が立教大学社会学部と共同で，東日本大震災後の仙台市民に対して実施した意識調査[7]での設問である．

例 1.1　居住形態に関する設問
　あなたが，現時点で住んでいる家は，次のうちどれにあたりますか．あてはまるものの番号に○をつけて下さい．

1　持ち家（一戸建て）	4　賃貸住宅（集合住宅）	7　仮設住宅
2　持ち家（集合住宅）	5　社宅・官舎・寮	8　その他
3　賃貸住宅（一戸建て）	6　みなし仮設住宅（賃貸）	

なお，仮に全国の大学のうち，宮城県所在の大学であれば 1，そうでなければ 0 を割り振ったとする．このように「そうであるか，否か」という性質を「1 もしくは 0」の名義尺度で表現したものを，**ダミー変数 (dummy variable)** と呼ぶ．

1.2.2　順序尺度
　例 1.2 は学歴についての設問である．この例を見ると選択肢に対する数値の割り振りは任意なものであるので，この設問は対象者の学歴を名義尺度で測定しているといっても問題ない．しかし，設問の選択肢をよく見ると，数値の間に順序関係があることに気づく．「回答した選択肢の数値が大きい者ほど，学歴が高い」という関係になっているのである．
　順序尺度で測定された変数には，数値の大小に一定の傾向があるという特徴がある．この例 1.2 の設問で得られた変数「学歴」は，選択肢に順序関係が確認できるので，順序尺度で測定された変数といえる．

例 1.2　学歴に関する設問
　あなたが最後に在籍した（または現在在籍している）学校はどれですか．旧

---

[7] 生活と防災についての意識調査 (http://www2.rikkyo.ac.jp/web/murase/11send.htm)

制の学校を出られた方は，それに対応する新制の学校に○をつけて下さい．

1　小学校　　　4　短大・高専・専門学校（新制高校卒業後に入学したもの）
2　中学　　　　5　大学
3　高校　　　　6　大学院（修士課程・博士課程）

なお，上の例では，

小卒 (1)→ 中卒 (2)→ 高卒 (3)→ 短大等卒 (4) → 大学卒 (5)→ 大学院修了 (6)
という順番になっているが，

大学院修了 (1)→ 大学卒 (2)→ 短大等卒 (3)→ 高卒 (4)→ 中卒 (5)→ 小卒 (6)
としても差し支えない．すなわち，順序尺度の数値の割り振りは，調査をする者（または，分析する者）に委ねられているのである．ただし，私たちは学歴が高い者を教育歴が長いと捉えるのが一般的である．そのため，学歴が低いほうに大きい値を割り振ると，論文等を書く際に混乱しやすくなる．数値の割り振りは，解釈のしやすさを意識して行うのが望ましい．

また，次の点にも留意してほしい．それは，「順序尺度で測定する場合，そこで与えられている数値の間隔は，必ずしも同じではない」という点である．そのため，順序尺度で測定した変数の数値で足し算・引き算を行うことはできない（もちろん，掛け算・割り算もできない）．

世論調査で得られた順位尺度変数を取り扱う際にも，注意が必要である．世論調査などでは，「○○という政策に賛成ですか，反対ですか」という設問をしばしば行う．この設問の選択肢が仮に，

1　賛成　　　　　　　　　3　どちらかといえば反対
2　どちらかといえば賛成　4　反対

だけであれば，賛否は順序尺度で測定されているといえる．しかし，実際の世論調査の質問票を見ると，

1　賛成　　　　　　　　　4　反対
2　どちらかといえば賛成　5　その他（　　　　　　　　　）
3　どちらかといえば反対　6　わからない

となっている場合が一般的である．この回答結果を順序尺度として分析する際には，「5（その他）」，「6（わからない）」という回答結果を**欠損値 (missing value)** とし，これらの回答があった標本を分析から除外する必要がある．

1.2.3 間隔尺度

間隔尺度は，測定された数値の間隔に意味をもたせた尺度水準である．間隔尺度の代表例は，温度である．私たちの普段使っている温度は，セルシウス温度（摂氏温度）であるが，これはもともと，水の凝固点を摂氏 0 度，沸点を摂氏 100 度とし，その間を 100 分割した値を 1 度としてつくられている[8]．目盛りの間隔が一定であるので，間隔尺度で測定された変数は足し算・引き算ができる．たとえば，昨日の最高気温が摂氏 30 度で，今日の最高気温が摂氏 35 度であれば，「今日の最高気温は昨日よりも 5 度高い」といえる．

ただし，間隔尺度で測定された変数は，掛け算・割り算はできない．たとえば，昨日の最高気温が摂氏 1 度で，次の日が摂氏 2 度だったとしよう．「今日の最高気温の値は昨日のそれより 2 倍だから，今日は昨日より 2 倍暑い」というだろうか？　おそらくいわないであろう．ここからわかるように，間隔尺度で測定された変数には，「単位があり，足し算と引き算はできるが掛け算や割り算ができない」という特徴がある．

なお，間隔尺度によって政治現象が測定されることはほとんどない．希有な例は，政党や政治家を温度のように測定する感情温度（例 1.3）である[9]．

例 1.3　政党の感情温度に関する設問

政党に対する感情についておうかがいします．次に挙げる個人や政党について，もし好意も反感ももたないときには 50 度とします．

・もし好意的な気持ちがあれば，その強さに応じて 50 度から 100 度に間の数字を答えて下さい．

・もし反感を感じていれば，やはりその強さに応じて 0 度から 50 度のどこか

---

[8] 現在の定義は，熱力学の研究の発展もあり，「ケルビン (K) で表した熱力学温度の値から 273.15 を減じたもの」とされている．この定義変更によって，正式な水の沸点は摂氏 99.974 度である．

[9] この設問は，東北大学政治情報学研究室と朝日新聞仙台総局が農業従事者に対して行った調査をもとにしている（『朝日新聞』2009 年 3 月 21 日等で報道）．

の数字を答えて下さい．
（数値が多いほど「より好き」，数字が少ないほど「より嫌い」と考えて下さい．
図参照）

- 自民党についてはどうですか　　　　　（　　　　度）
- 民主党についてはどうですか　　　　　（　　　　度）
- 公明党についてはどうですか　　　　　（　　　　度）
- 共産党についてはどうですか　　　　　（　　　　度）
- …

1.2.4　比率尺度

　比率尺度は，数値の間隔が一定で，0に「何もない」という意味をもっている尺度である．私たちの身の回りにある単位のつくもののほとんどは，比率尺度で測定されたものである．

例 1.4　労働時間に関する質問

　あなたは，お仕事を1日に平均で何時間くらいしていますか．
（　　　　　　　）時間くらい

　例1.4で0と答えた者は，「仕事をしていない」ことになる．仮に，この設問にAさんは1時間と答え，Bさんは3時間と答えたとしたら，「BさんはAさんに比べ2時間長く働いている」，「BさんはAさんに比べ3倍長く働いている」ということができる．比率尺度で測定された変数は，すべて加減乗除が可能である．

1.2.5 尺度間の関係

比率尺度で測定した値の順序尺度への変換を，我々はしばしば行っている．たとえば，「10歳未満，10歳〜20歳未満，…，70歳以上」と，「年齢」を10歳刻みの「年代」に変換したグラフを目にすることがあるが，これは，「比率尺度で測定された年齢を，順序尺度である年代に変換してグラフをつくっている」と言い換えることができる．比率尺度は，間隔尺度や順序尺度，名義尺度に変換が可能なのである．間隔尺度は，順序尺度や名義尺度に変換でき，順序尺度は名義尺度に変換できる．ただし，順序尺度で測定された「年代」を「年齢」に変換することはできない．

名義尺度や順序尺度によって測定されている変数は，しばしば**質的変数 (qualitative variable)** と呼ばれる[10]．一方，間隔尺度や比率尺度によって測定されている変数は，**量的変数 (quantitative variable)** と呼ばれたりする．質的変数と量的変数では分析手法が異なるのが基本であり，作成されるグラフも異なるので注意が必要である．

政治の統計分析をしたいのであれば，量的変数を扱う分析手法だけではなく，質的変数を扱う分析手法も学んでおくべきである．なぜなら政治学では，選挙の得票結果や政策に割り当てられた予算額といった量的変数を分析するだけではなく，政治家の出自や政策態度，有権者の政府への信頼や評価などといった，数値化しづらい質的内容も分析するからである．

1.3 データセットと統計解析ソフト

1.3.1 データセットの作成

データが集まったら，コンピュータで扱えるようにしなければならない．図1.1は，筆者が『市町村合併をめぐる政治意識と地方選挙』を執筆する際に作成した，「平成の大合併」で合併した自治体の初代市長選挙に関するデータセットである（河村，2010）．このデータセットはMicrosoft Excelで作成しており，ケースは行に，変数は列に対応させ入力している．

Microsoft Excelでデータセットを作成しているのは，

---

[10] カテゴリーを示すので，**カテゴリー変数 (categorical variable)** とも呼ばれる．

① さまざまな社会科学系の統計解析ソフト（SPSS や SAS, Stata, R など）で利用可能である[11]．

② 統計解析ソフトをもっていなくとも，簡単な集計であればアドインを利用して可能である．

といった利点のためである．また，Microsoft Excel の使用者が大勢いるのでデータ入力を分担しやすく，他者への頒布（はんぷ）が容易であるという理由もある[12]．

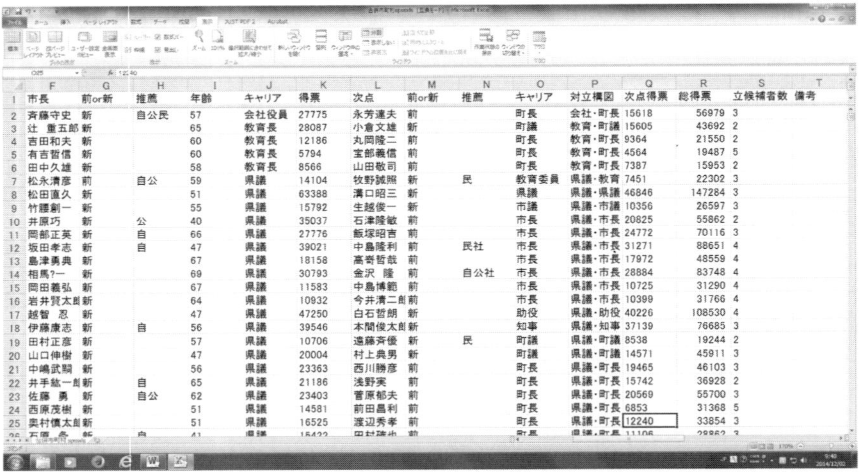

	F	G	H	I	J	K	L	M	N	O	P	Q	R	S	T
1	市長	前or新	推薦	年齢	キャリア	得票	次点	前or新	推薦	キャリア	対立構図	次点得票	総得票	立候補者数	備考
2	斉藤守史	新	自公民	57	会社役員	27775	永芳達夫	前		町長	会社・町長	15618	56979	3	
3	辻　重五郎	新		65	教育長	28087	小倉文雄	新		町議	教育・町議	15605	43692	2	
4	吉田和夫	新		60	教育長	12186	丸岡隆二	前		町長	教育・町長	9364	21550	2	
5	有吉哲信	新		60	教育長	5794	宝部義信	前		町長	教育・町長	4564	19487	5	
6	田中久雄	新		58	教育長	8566	山田敬司	前		町長	教育・町長	7387	15953	2	
7	松永清彦	前	自公	59	県議	14104	牧野誠照	新	民	教育委員	県議・教育	7451	22302	3	
8	松田直久	新		51	県議	63388	溝口昭三	新		県議	県議・県議	46846	147284	3	
9	竹腰創一	新		55	県議	15792	生越俊一	新		市議	県議・市議	10356	26597	3	
10	井原巧	新	公	40	県議	35037	石津隆敏	前		市長	県議・市長	20825	55862	2	
11	岡部正英	新	自	66	県議	27776	飯塚昭吉	前		市長	県議・市長	24772	70116	3	
12	坂田孝志	新	自	47	県議	39021	中島隆利	前	民社	市長	県議・市長	31271	88651	4	
13	島津勇典	新		67	県議	18158	高寄哲哉	前		市長	県議・市長	17972	48559	4	
14	相馬?一	新		69	県議	30793	金沢　隆	前	自公社	市長	県議・市長	28884	83748	4	
15	岡田義弘	新		67	県議	11583	中島博範	前		市長	県議・市長	10725	31290	4	
16	岩井賢太郎	新		64	県議	10932	今井清二郎	前		市長	県議・市長	10399	31766	4	
17	越智　忍	新		47	県議	47250	白石哲朗	新		助役	県議・助役	40226	108530	4	
18	伊藤康志	新	自	56	県議	39546	本間俊太郎	新		知事	県議・知事	37139	76685	3	
19	田村正彦	新		57	県議	10706	遠藤斉優	新	民	町議	県議・町議	8538	19244	2	
20	山口伸樹	新		47	県議	20004	村上典男	新		町議	県議・町議	14571	45911	3	
21	中嶋武嗣	新		56	県議	23363	西川勝彦	前		町長	県議・町長	19465	46103	3	
22	井手紘一郎	新	自	65	県議	21186	浅野実	前		町長	県議・町長	15742	36928	2	
23	佐藤　勇	新	自公	62	県議	23403	菅原郁夫	前		町長	県議・町長	20569	55700	3	
24	西原茂樹	新		51	県議	14581	前田昌利	前		町長	県議・町長	6853	31368	5	
25	奥村慎太郎	新		51	県議	16525	渡辺秀孝	前		町長	県議・町長	12240	33854	3	

図 1.1　データセットの例

データセットを作成するコツは，

① 1行目に変数名を入れる（データは2行目から）．

② マスターファイルでは，質的変数は数字を割り振るのではなく，数値を割り振る前の値を入力する．

---

11) これらの統計解析ソフトを用いて独習するテキストも出版されている．社会科学の初学者向けのテキストとしては，SPSS ならば村瀬・高田・廣瀬 (2007) などが，Stata ならば浅野・矢内 (2013) などが，R ならば飯田 (2013) などがある．

12) 各省庁や地方自治体がホームページ上で提供している統計データも，Microsoft Excel のファイル形式で頒布（はんぷ）される場合が多い．

の2点である．①は，多くの統計解析ソフトが「Microsoft Excel ファイルの1行目を変数名とするため」である（たとえば，図中のJ列が「会社役員」，「教育長」といった入力になっているのは，そのためである）[13]．

なお，最初に作成したデータセットをマスターとし，統計解析する際にこのマスターから分析作業用のデータセットをつくるようにすれば，データセットの紛失などのトラブルを回避することもできる．

1.3.2 統計解析ソフトの活用

数値を実際に手計算してみるのが，統計学理解の早道である．しかし，やはり手計算には間違いがつきものであり，さすがに論文を執筆するときには手計算ではなくコンピュータに頼ったほうがよいし，統計解析を専用とするソフトを利用したほうがよい．

平均や分散を計算させるといったレベルであれば，Microsoft Excel といった表計算ソフトで十分であるし，コンピュータの性能向上もあり，表計算ソフトに対応した統計学用アドインによってある程度の計算は可能だ．しかしながら今日広く利用されている統計解析ソフトの多くは，統計解析を大型計算機やワークステーションを用いて行っていた時代から培われてきたものをパーソナルコンピュータに移植したもので，

① 研究分野内で評価が定まっている．
② オプションを利用し，より複雑で多様な分析が可能である．
③ データセットのファイル形式がデータライブラリに採用されていることが多く利用しやすい．

といったメリットがある[14]．研究分野ごとに用いられている統計解析ソフトに違いがあるので，過去の先行研究や指導教員の論文などを参考に，どのソフトを使うべきなのか確認したほうがよいだろう．

---

[13] ただし，こうした方法はコンピュータの性能が向上したからできることである．筆者が大学生だった1990年代前半では，入力できる字数等が制限されていた．そのため，データセットを作成したら，数値の対応を示すコードブックをすぐ作成するのが常であった．

[14] 専用のソフトのなかには高価であったり，無料ではあるが日本語版がなかったりするものもある．利用の際には，これらを確認すること．

なお本書では，そうした統計解析ソフトの1つである IBM 社の SPSS Statistics を利用し，計算を行っている．

コラム（データのもつ意味）

　筆者が経験した実話である．ある学生が，「郡部は下水普及率が低いので，水洗トイレが普及していないんですね．だから，もっと公共下水の普及を進めるべきだと思います」と発言した．たしかに公益社団法人日本下水道協会のホームページ[15]にある資料を見ると，下水普及率が 0.00％ となっている町もある．「公共下水の普及を進めるべき」と主張することはよいが，下水普及率が 0％ だからといって「水洗トイレがない」と断定してしまっていいのであろうか．

　公共下水がない場所であっても，農業集落の排水事業を活用して屎尿(しにょう)処理を行っているところはある．そこでの筆者の返答は次のとおりである．「日本の高速道路は全国を網羅している．そして，そこにはいくつものサービスエリア・パーキングエリアがある．そこのトイレは和洋の違いはあるが，水洗トイレではないか．」その返答で，その学生は自分の発言のミスに初めて気がついた．

　統計データを扱う際には，「データがどのようにとられたか」，「どの機関が調査をしたのか」，「どんな設問なのか」などを確認しなければならない．くれぐれも上記の学生のようなことが起きないよう，気をつけてほしい．

練習課題

・東日本大震災に関して行われた学術調査にはどのようなものがあるか調べ，それらの調査が今回の災害をどのようなデータで把握しようとしているか，どの尺度で測定しているか，ノートに書き出しなさい．

レジュメ作成

・谷口尚子『現代日本の投票行動』（慶應義塾大学出版会，2005）第5章を読み，近接性モデルと方向性モデルの論争ではどのような変数が独立変数として用いられてきたのか確認しながら，レジュメを作成しなさい．

・善教将大『日本における政治への信頼と不信』（木鐸社，2013）第2章を読み，政治信頼を計量的に分析することの課題を意識しながら，レジュメを作成しなさい．

---

[15] 日本下水道協会 (http://www.jswa.jp/)

2 世論調査

　古典に登場する「鼓腹撃壌(こふくげきじょう)」などからわかるように，為政者たちは古くからさまざまな方法で民の意向を知ろうとしてきた．歴史の教科書に登場する江戸時代の目安箱も，民の声を聞く1つの手段であったといえるだろう．

　統計学的な手法で世論を把握する今日的な世論調査[1]は，1820年代のアメリカにその源流を求めることができる．西平重喜は『世論をさがし求めて』（ミネルヴァ書房，2009）のなかで，1824年の大統領選挙を予測するため，アメリカで**模擬投票（straw ballot，麦わら投票）**が行われたことを紹介している．また西平の著書によれば，世論調査はマスメディアの「次の選挙で誰が勝つかを予測したい」，「政策争点に対する国民の賛否を知りたい」という要望から広まり，市民権を得てきたという．

　日本でマスメディアの世論調査が頻繁に行われるようになったのは，1990年代以降といってよい．1990年代は，細川護熙(もりひろ)内閣が成立して自民党が下野し，衆議院選挙の選挙制度が小選挙区比例代表制に変更されるなど，政治が大きく動いた時期である．自民党の一党優位体制が崩れつつあるなか，「国民の政治意識や政治行動を知りたい」という需要が高まったことが世論調査への注目を促したのだろう．また，Microsoft Windowsの登場にともなってコンピュータの普及が進み，アンケートの集計が容易になったことも1つの理由であろう．

---

[1] もともとは「輿論調査」であり，「世論」は戦後の当て字である．

世論調査を行うのは，マスメディアばかりではない．日本政府[2]も政策形成の観点から世論調査を行っており，また研究機関も学術的な観点から世論調査を行っている．このような世論調査について，本章で解説していく．

2.1 調査の誤差

まず指摘しておかなければならないのは，調査には誤差がつきものであるという点である．調査で生ずる誤差には，標本抽出によって生ずる**標本誤差 (sampling error)** と，標本抽出を原因としない**非標本誤差 (non-sampling error)** の2つがある．世論調査の解説の前に，これらについて説明しておこう．

2.1.1 非標本誤差

非標本誤差の発生は，調査を行う者の調査リテラシーに依存する傾向がある．非標本誤差は，転記ミスや入力ミスといった「ヒューマン・エラー」や，回収率の低さや設問の不適切さによる「無回答の誤差」などによって引き起こされる．非標本誤差はデータの信頼性を揺るがすだけではなく，調査実施者の信用失墜を引き起こすので注意が必要である．

基本的にヒューマン・エラーは，調査票へ記入するときや，データをパソコンに入力する際生じやすい．なかでも，キーボードの打ち間違いや，誤った位置にデータ入力してしまうといったミスは起こりやすい．ヒューマン・エラーは，入力されたデータを複数でチェックする体制をつくるなどの努力で，その多くを回避することができる．

無回答の誤差は，調査方法や設問に左右される場合が多い．一般的に，回収率が低い調査は，無回答の誤差が大きい可能性が高い．調査を実際に行ってみると，すべての回答が白紙の調査票や，調査項目の一部しか回答がない調査票があることに気づく[3]．設問項目に無回答が生じる背景には，

① 調査項目が多すぎる（調査対象者に多大な負担を強いる）．

---

[2] 内閣府のホームページを閲覧すると，政府がどんな世論調査を実施したのか，知ることができる．世論調査—内閣府 (http://survey.gov-online.go.jp/index.html)
[3] 調査対象者が自分で選択肢を勝手につくり回答してしまうことも，しばしばある．

② 設問が難解で答えづらい．
③ 適切な選択肢が存在しない．
④ 質問票に調査対象者が答えたくないと感じる設問がある．

などがある．

通常，調査設計を丁寧に行えば，①〜③に起因する無回答は減らすことができる．しかし，「調査対象者にとって『知られたくない情報』ではあるが，研究者が研究上聞いておきたい設問」は意外にあり，④に起因する無回答を減らすことは容易ではない．たとえば，年収や社会的地位，政治的な思想信条などに対する設問がこれに該当する．調査の冒頭にこれらの設問を設けると，調査協力すらしてもらえないことも起こり得る．

最近ではヒューマン・エラー等を回避するため，マークシートを用いる調査も少なくない．また，調査員が調査対象者にタブレット PC の画面を見せ，直接回答を入力してもらう CASI (computer-assisted personal interview) 方式で世論調査を行う動きもある（日野・田中，2013）．マークシート方式の調査や CASI 方式の調査は，無回答の誤差の発生を抑えようという試みと見なすことができるが，効果はそれだけではない．回答者本人が記入（入力）するので調査を実施する側の入力ミスが回避でき，データ入力コストを軽減するという効果もあるのである．

2.1.2 標本誤差

標本誤差は，標本抽出の際に生ずる誤差である．標本抽出には，**有意選出法 (purposive selection)** と，**無作為抽出法 (random sampling)** がある．有意選出法は読んで字のごとく，標本とする対象を意図的に抜き出す方法である．たとえば，モニターを募集して意見を聞く**応募法**や，自分のコネを通じて調査対象を選ぶ**機縁法**がこれに該当する．また，世論調査などではしばしば用いられる**割当法 (quota system)** も，有意選出法の1つといえる．

無作為抽出法は，標本をランダムに選ぶ方法である．「標本が母集団からくじ引きで選ばれる」と思えばよい．無作為抽出法では，極端な標本ばかりが抽出される場合も有り得るが，そうした場合は極めてまれであり，平均的に見れ

ば母集団の縮図と考えられる標本を得ることができる．無作為抽出法は主観を排除した抽出法であり，**統計学的仮説検定 (statistical hypothesis testing)** や**推定 (estimation)** は，この無作為抽出法を前提としている．

2.2　世論調査とは

　世論調査といえば，母集団が明確に規定された，社会意識に関する大規模標本調査を想像するだろう．そのイメージは概ね妥当である．ただ，「全国世論調査の現況（平成 25 年度版）」調査において，内閣府が情報提供してほしいとする大規模標本調査は，次の条件を満たしたものである．言い換えれば，この条件をクリアしている標本調査が，内閣府がまとめる「全国世論調査の現況」において紹介される世論調査である．

　① 調査主体として企画，実施したものであること
　② 個人を対象とする調査であること
　③ 調査対象者（母集団）の範囲が明確に定義されていること
　④ 意識に関する調査であること
　⑤ 対象者数（標本数）が 500 人以上であること
　⑥ 調査事項の数（質問数）が 10 問以上であること
　⑦ 調査票（質問紙）を用いた調査であること
　⑧ 平成 24 年 4 月 1 日〜平成 25 年 3 月 31 日の間に実施された調査であること

　ところで，世論調査に近い言葉に**アンケート (enquête) 調査**がある．世論調査とアンケート調査の境界は曖昧であるが，日本語でアンケート調査といった場合，「社会調査法的に見るとやや厳密性に欠ける」というニュアンスを含んでいる場合が多い．また，「個人的な嗜好に注目し，社会に対する意識に焦点をおかないような調査」も，世論調査ではなくアンケート調査と呼ばれる傾向がある．自治体自らが政策形成に活かすために行う標本調査は，「世論調査」とは呼ばず，「意向調査」，「実態調査」と表現される場合が多い．世論調査やアンケート調査等を包含する用語として，**サーヴェィ (survey)** という用語が用いられる場合もある．

2.3 世論調査の調査手法

世論調査は，基本的には標本調査である．全数調査は不可能ではないが，それは母集団が極めて小さい場合に限られる．たとえば，人口 1000 人ほどの小さな村で，周辺自治体との合併を探るような場合であれば，全数調査が可能であろう．世論調査の手法は，訪問面接法などさまざまである．

2.3.1 訪問面接法

訪問面接法 (interview method) は，調査員が調査対象者の自宅等を訪問し，面接を通じて回答を得る方法である．調査員が回答者と直接会うため，より正確な回答を得やすいという特徴がある．回収率は以降に述べる方法に比べ相対的に高くなる傾向がある．しかしながら，調査員を雇う費用や訪問するための交通費等，調査実施に多額の費用がかかるという欠点もあわせもつ．

近年，個人情報に対する意識の高まりの影響を受け，対象者が自宅等への訪問を拒否したり，調査内容を調査員に知られることを嫌って回答を拒否したりするようなケースが増えている．昨今は，以前より訪問面接法が行いづらい環境にあるといってよい．

2.3.2 訪問留置法

訪問留置法 (leaving method) という方法もある．訪問留置法は，個別訪問して質問票を配布し，それを留め置いてもらって後日回収するという方法である．訪問留置法では，調査対象者は回収期日までに調査票に回答を記入すればよい．そのため，調査対象者の拘束時間は少なく済み，かかる負担は訪問面接法より少ない．ただし，指定した者以外の者が回答してしまう可能性は否定できず，訪問面接法と比較して，得られたデータの信頼性は相対的に低く見なされてしまう場合もある[4]．

---

[4] 近年は，留置法や郵送法によって得られた調査データで分析し論文を執筆しても，国際的な学術雑誌の査読に通りにくいといわれる（日野・田中，2013）．

2.3.3 郵送法

郵送法 (mailing method) は，調査対象者に質問票を郵送し，記入してもらった後，郵送で返送してもらう方法である．調査員を雇用する必要がないので，訪問面接法や訪問留置法よりも調査費用は安く抑えることができる．ただし，訪問留置法と同様，指定した者以外が回答してしまう可能性はある．郵送調査は調査対象者と直接接するわけではないので，どうしても回収率は訪問面接法などよりも低くなる[5]．

2.3.4 電話調査

電話調査 (telephone survey) は，調査対象者の自宅を訪問するのではなく，電話を利用して回答を得る方法である．調査対象者とのやりとりを電話で行うため，データを短期間で得ることができる．しかし，電話調査はどうしても標本が偏りやすく，調査対象者が電話を切ってしまう可能性を考えると長々と質問することができないという難点もある．加えて，電話では調査主体が見えにくいため，調査の意義などが伝わらず協力を得られないこともしばしばで，電話回線の確保という問題もある．そのため，電話調査を行える調査主体は，マスメディアや調査会社に限られるといってよいだろう．

なお，近年では情報通信技術の発達にともない，インターネットを利用した世論調査も見られるようになった．インターネット調査は，電話調査以上に調査対象者が限られるので，市民権が得られるまでもう少し時間がかかるだろう．

2.4 標本の抽出

標本抽出は，標本調査を行ううえで最も重要な作業の1つである．日本の全有権者を母集団とするような世論調査をする際，単純な無作為抽出法で標本抽出をすることは，ほぼ不可能である．それは，すべての国民（有権者）を掲載した閲覧可能なサンプリング台帳が存在しないことに加え，標本抽出するための台帳閲覧に途方もない時間がかかるからである．また，仮に標本抽出ができ

---

[5] 郵送調査は，調査票がきちんと届くことを前提とした仕組みである．郵便が届きにくいような環境では十分な回収率は得られない．たとえば，東日本大震災被災地で行われた意識調査では，宛先人不明で戻ってきてしまった調査票の比率が普段に比べ高かった．

たとしても，回収率の高い面接法を行うには膨大な費用がかかる．調査員が全国各地に赴くことになることを想像すれば，それはすぐわかるだろう．そのため，全国調査のような場合では，単純な無作為抽出法ではない標本抽出が行われている．

2.4.1 多段抽出法

多段抽出法 (multi-stage sampling) は，たとえば最初から調査対象者を抽出するのではなく，調査地点（市区町村）を抽出した後に当該地点から調査対象者を抽出する，といった形で段階を踏んで抽出を行う方法である．全国で世論調査を行う際は，第1次抽出単位を市区町村とし，第2次抽出単位を大字・字などの地点，そして最終抽出単位を調査対象者とする「3段階抽出」が行われたりする．

なお抽出には，「任意の地点が抽出される確率は，その地点の人口規模に比例している」と想定する**確率比例抽出法 (probability proportional sampling)** が用いられたり，「母集団は異なる層から形成されている」と想定する**層別抽出法 (stratified sampling)** が用いられたりもする．

2.4.2 系統抽出法

筆者は，2011年から12年にかけて，東日本大震災後の仙台市および仙台北隣（大崎市の一部，黒川郡，宮城郡の一部）の市町村で意識調査を実施した．その際，仙台市や仙台北隣の市町村の窓口に赴き，選挙人名簿から自ら標本抽出を行った．選挙人名簿は当該市町村の全有権者がすべて載った名簿であるから，人口の少ない町村であっても数冊はある．そのなかで，逐一乱数表を取り出して標本抽出をしようとすれば，1日や2日では終わらない．他の閲覧者の迷惑にもなる．そこで筆者は，**系統抽出法 (systematic sampling)** という手法を用いて標本抽出を行った．

系統抽出法は，総数が N の母集団から n 人が標本として抜き出されるとした場合，まず名簿のスタート地点 s を無作為に選び，そこから $\frac{N}{n}$ おきに標本を抽

出する方法である[6]（**抽出間隔, sampling interval**）．系統抽出法は，その過程で標本相互の独立性が失われているため，単純無作為抽出法に比べれば精度は相対的に低くなる．しかし，ページを順にめくっていけばよいので，系統抽出法のほうが単純無作為抽出法に比べ，効率的で迅速に標本を抽出できる．

2.4.3 名簿の閲覧（選挙人名簿の例）

標本抽出を実際に行うには，**住民基本台帳**や**選挙人名簿**といったサンプリング台帳（名簿）から標本を抜き出さなければならない．すなわち，自治体の窓口に出向いて閲覧申請をすることが，標本抽出作業の実質的な第一歩となる．ここでは，仙台市における選挙人名簿の閲覧を事例にその手続きを紹介する[7]．

公職選挙法では，選挙人名簿の閲覧ができるよう定められている．選挙人名簿を用いて標本抽出できる法的根拠は，次のとおりである．

> 公職選挙法第二十八条の三
> 　市町村の選挙管理委員会は，前条第一項に定めるもののほか，統計調査，世論調査，学術研究その他の調査研究で公益性が高いと認められるもののうち政治又は選挙に関するものを実施するために選挙人名簿の抄本を閲覧することが必要である旨の申出があつた場合には，同項に規定する期間を除き，次の各号に掲げる場合に応じ，当該各号に定める者に，当該調査研究を実施するために必要な限度において，選挙人名簿の抄本を閲覧させなければならない．

図 2.1 および図 2.2 を見ればわかるように，選挙人名簿の抄本（しょうほん）を閲覧する際，さまざまな注意事項がある．選挙人名簿を閲覧するにあたって，閲覧者は個人情報を取り扱っていることを自覚して臨まなければならない．なお，閲覧申請書のフォーマットは自治体ごとで若干の差はあるが，基本的に全国共通である（図 2.3）．

調査に公益性が認められないと，選挙人名簿閲覧の許可は下りない．選挙管理委員会によっては，しかるべき責任体制が整っていることを証明するため，実際に配布する質問票の提出だけでなく，学部長等の役職者が承認していることを示す書面の提出を求める自治体もある．そのため，卒業論文・修士論文レ

---

[6] $\frac{N}{n}$ が小数点を含む場合もあるので，小数点部分の取扱いに留意する必要がある．
[7] 総務省のホームページを参照 (http://www.soumu.go.jp/senkyo/senkyo_s/naruhodo/naruhodo07.html).

選挙人名簿抄本を閲覧される方へ

選挙人名簿抄本の閲覧制度が改正され，閲覧できる場合が明確化されその手続が変わりました。

1 閲覧できる場合
  (1) <u>選挙人名簿に登録されているかどうかの有無を確認する場合</u>
  (2) <u>候補者または政党などが政治活動を行うためにする場合</u>
  (3) <u>統計調査，世論調査，学術研究その他の調査研究で公益性が高いと認められるもののうち政治・選挙に関するものを実施するために行う場合</u>

2 閲覧の申出

閲覧を申し出る際には，次の区分ごとに申出書に必要事項を記載し，必要書類を添付しなければなりません。

区　分		申出書類	添付書類
登録の有無の確認		○閲覧申出書（登録の確認）	―
政治活動	公職の候補者等	○閲覧申出書（政治活動） ○申出者及び閲覧者以外の者に閲覧事項を取り扱わせることが必要な場合は「候補者閲覧事項取扱者に関する申出書」	<u>公職の候補者であることを示す資料</u> ＊現に公職にある者は不要。
	政党その他の政治団体	○閲覧申出書（（政治活動） ○申出者以外の法人に閲覧事項を取り扱わせることが必要な場合は「承認法人に関する申出書」	<u>政治団体設立届出書（写し）</u> <u>活動実績を示す資料</u>（当該政治団体の予算書・事業計画書写し，定期的に発行する機関誌紙など） ＊現に公職にある者が所属している政党その他の政治団体については省略できる。
調査研究	個　人	○閲覧申出書（調査研究） ○申出者及び閲覧者以外の者に閲覧事項を取り扱わせることが必要な場合は「個人閲覧事項取扱者に関する申出書」	<u>調査研究の概要・実施体制を示す資料</u> （アンケート用紙の写し，アンケートを実施する時期・範囲・対象，集計結果の公表の時期・範囲）
	法　人	○閲覧申出書（調査研究）	

○ 閲覧する方については，本人確認のため，運転免許証等の顔写真付きの公的な身分証明書を提示していただく必要があります。

○ 指定されたもの以外のものは閲覧事項を取り扱うことはできません。

図 **2.1** 選挙人名簿閲覧の注意事項 (1)

3 閲覧事項の目的外利用・第三者提供の禁止

　申出者等は，本人の事前の同意を得ないで，閲覧で知り得た事項を利用目的以外の目的のために利用できません。また，第三者に提供してはなりません。

4 閲覧事項の適正な管理

　閲覧申出者は閲覧事項漏えい防止その他閲覧事項の適切な管理のために必要な措置を講じなければなりません。

　　　　　　　　　次の事項を参考にしてください。

(1) 監督体制について
● 管理責任者の指定　● 閲覧させる者と閲覧事項を扱える者の特定　● 閲覧事項を扱う者への適正な取扱いの周知徹底　● チェック体制の整備　など

(2) 作業場所について
● 作業場所の特定　● 作業場所の施錠，開錠の責任者の指定及び鍵の管理　● 作業場所への入退室の管理，記録　● 防犯措置の実施　など

(3) 保管・管理について
● 保管場所の特定　● 保管庫等の施錠，開錠の責任者の指定及び鍵の管理　● 保管している閲覧事項の件数，内容等の記録　● 盗難，紛失等の事故防止措置の実施　など

(4) 技術的対応について
● アクセス記録のログが保存されるようなソフトウェアの使用
● 情報の暗号化　など

5 閲覧事項の廃棄

　廃棄の時期，方法を明らかにし，適正に廃棄しなければなりません。

※閲覧した事項を不当な目的に利用されるおそれがあるときや適切に管理することができないおそれがあるときは，閲覧をお断りします。

▼問合せ：仙台市区選挙管理委員会

図 **2.2**　選挙人名簿閲覧の注意事項 (2)

選挙人名簿抄本閲覧申出書（調査研究）

平成　年　月　日

仙台市　　　区選挙管理委員会委員長　様

　　　　申出者　氏名　　　　　　　　　　　　　　印
　　　　　　　　住所　　　　　　　　　　　　　　
　　　　　　　（電話番号）　　　－　　　－
　　　　　　　申出者が国等の機関である場合にあってはその名称を，申出者が法人である場合にあってはその名称，代表者の氏名及び主たる事務所の所在地を記載してください。

　下記のとおり，政治又は選挙に関する調査研究をするため，選挙人名簿抄本を閲覧する必要がありますので，閲覧の申出をします。

1　活動の内容	政治・選挙に関する（統計調査，世論調査，学術研究）
2　閲覧事項の利用の目的	
3　閲覧者の氏名及び住所	
4　閲覧事項の管理の方法	
5　閲覧対象者の範囲	
6　調査研究の責任者の住所及び氏名	
7　調査研究の成果の取扱い	
8　閲覧者に関する事項	
9　法人閲覧事項取扱者の範囲	
10　個人閲覧事項取扱者の指定	別添申出書のとおり，法第28条の3第5項の規定による申出を　□ する　　　□ しない
11　申出者が受託者である場合には，委託者の氏名及び住所	
12　閲覧日時	
備　　考	

備考
1　この様式は，法第28条の3第1項の規定により，政治又は選挙に関する調査研究をするために選挙人名簿の抄本の閲覧の申出をする申出書の様式である。
2　上記の欄中10の別添申出書は，「個人閲覧事項取扱者に関する申出書」である。

図 2.3　選挙人名簿の閲覧申請書（仙台市）

ベルでは閲覧の許可を得ることは難しい．

閲覧の許可が出たら，閲覧しに自治体庁舎（選挙管理委員会事務局）に出向くことになる．標本抽出は，個人情報保護の観点から基本的に手書きで書き写すことになるので，非常に労力がかかる．また，公平性の観点や管理上の都合により，選挙人名簿の閲覧人数は制限されていることがほとんどである．そのため，大勢で押しかけて名簿を閲覧することはできないと思ったほうがよい．

標本抽出された調査対象者のなかには，学術研究の一環として研究者が選挙人名簿を閲覧できることを知らない者もいる．調査を行った際に「なぜ私の個人情報を知っているのか，個人情報保護法違反ではないか」というクレームを受けたりする．もしそうした状況に遭遇したら，法令で認められていることを調査対象者にきちんと述べ，正規の手続きを踏んでいる旨を丁寧に説明しなければならない．

2.4.4 ランダム・デジット・ダイヤリングによる抽出

ランダム・デジット・ダイヤリング (random digit dialing, RDD) は，電話調査の際に用いられる抽出法である．学術的な観点から行われる世論調査は，緊急性よりも精度の高さが重要である．しかしながらこれまで見てきたように，精度の高さを追求すればするほど時間と費用はかかる．選挙人名簿のような公的機関の名簿を用いるとなると，申請だけでかなりの日数がかかってしまい，タイムリーに世論を把握することができない．そこで，今話題となっているイシューに対して緊急世論調査を行いたいというマスメディアが用いるのが，電話調査である．図 2.4 は，共同通信社が実施した堺市長選挙における世論調査の結果を報じた記事である．RDD による電話調査を行うには，電話を何度もかけなければならず，また調査対象者からの信頼がある程度あることが前提となる．

近年は，携帯電話の普及と個人情報保護意識の浸透から，以前に比べ電話調査を行うことが難しくなっている．

出典:『河北新報』2013年9月23日（共同通信配信記事）

図 2.4　RDDを用いた世論調査の記事

2.5　回収率を高める工夫

　調査誤差を減らすためには，回収率が高くなくてはならない．調査の回収率は，すでに述べたようにどの調査法を採用するかに左右される．しかし，そればかりではない．先に述べた調査対象者の調査リテラシーの高さで変わってくるし，調査を実施する主体の信用力によっても差が生じる．たとえば，社会調査がほとんどされたことのない田舎では，相対的に回収率が高くなる傾向がある．調査対象者が新鮮に感じ，協力的になりやすいからである．

　また，調査主体が著名な研究者（もしくは著名な研究機関）の調査であれば，回収率はやはりよくなる．調査主体が著名であれば，自分の回答した結果が社会に還元されると調査対象者が感じるからである．事実，筆者が東日本大震災後に仙台市およびその北隣の自治体で調査した際，複数の調査対象者から「被災地にある東北大学の先生だから協力する」という趣旨の電話があった[8]．

　回収率は，設問のわかりやすさや設問数にも影響される．設問の数が少なけ

---

[8] なお，災害時における世論調査の際には，被災者心情に配慮した質問を行うだけではなく，被災者の声に耳を傾ける「傾聴」作業をプレ調査などで行ったほうがよい．第42回日本行動計

れば少ないほど，わかりやすければわかりやすいほど，回収率は高くなりやすい．もちろん，自由記述の回答が少ないほうが回収率はよい．

郵送法を用いる際，「依頼状を事前に送ったり同封したりして，調査の趣旨を説明する」，「調査に回答したら謝礼を出す」，「何度か督促をかける」などの方法をとったほうが回収率はよくなる．調査対象者からの問い合わせに対して誠実に対応することも，回収率向上にはプラスである．しかし，回収率を高めようと努力すればするほど費用はかかる．そのため，どのあたりで折り合いをつけるかの判断が重要になる．

調査を実施したら，その成果をきちんと発表していくことも大事である．きちんと発表することによって社会的認知が高まり，次の調査で協力が得られやすくなるからである．

2.6 パネル調査・比較調査

単一の母集団に対し1回限りの調査を行うのが，調査の基本である．しかしながら，その方法では，同一の有権者の政治意識がどう変遷したかなど，個々の調査対象者の時系列的な変化を分析することはできない．そのため，初回に対象者を標本抽出し，その対象者に時間をおいて何度も調査を行う**パネル調査 (panel survey)** を実施することもある．政治学の分野で代表的なパネル調査には，JES 調査 (Japan Electoral Study Survey) がある（綿貫・三宅 他，1986）．パネル調査は，調査対象者の時間的な変化を追えるというメリットがあるが，一方，調査対象者の死亡や転居で追跡できなくなったり，調査対象者が調査は煩わしいと協力しなくなったりするというリスクを抱えている．企業や地方自治体などといった組織に対するパネル調査にも，破産や調査拒否によって継続して調査できなくなるリスクがある．

ところで，日米の有権者の投票行動を国際比較したいという場合もある．このような場合，日米双方で同一の質問内容で調査を実施する必要がある．その際の標本抽出は基本的にそれぞれの国で行われることになる．このように複数の母集団に対して同時に調査を行うものを，**比較調査 (comparative survey)**

量学会第 42 回大会シンポジウムにおける石川俊之サーベイリサーチセンター営業企画本部長の指摘（2014 年 9 月 4 日，東北大学で開催）．

という．比較調査の具体例として，世界価値観調査 (World Values Survey) やアジアン・バロメータ調査 (Asian Barometer Survey) などを挙げることができる．

2.7 データ・アーカイブ

　自らの問題意識を自らの力で行った世論調査で検討することは，きわめて望ましいことではある．しかし，データ収集のために使える予算や時間には限界があり，その実施には経験も求められる．政治の統計分析を始めたばかりの初学者が，すでに研究成果を重ねている大学教員の研究グループと同等の調査を実施することは不可能といってよい．

　世論調査を行う資力のない初学者にとって，**データ・アーカイブ (data archive)** で公開されているデータを 2 次利用することは有効である．データ・アーカイブに収められているデータは，過去の研究で収集され分析に用いられたデータである．データ・アーカイブに所蔵されているデータを用いることは分析手法の習得に役立つだけではなく，過去の先行研究の分析結果をなぞることにもつながる．多くのデータ・アーカイブは手続きを踏めば借り受けることができるので[9]，データ・アーカイブを運営している機関のホームページを是非一度，覗いてみてほしい．日本の社会科学データ・アーカイブとしては，たとえば東京大学社会学研究所附属社会調査・データアーカイブ研究センターの SSJDA (Social Science Japan Data Archive) があり[10]，過去に国が行った世論調査の個票データなどもここには収められている (図 2.5)．また，立教大学社会情報教育研究センターも，RUDA (Rikkyo University Data Archive) というデータ・アーカイブを運用している[11]．また，社会科学に関する学術利用を目的とした世界最大級のデータ・アーカイブは，ICPSR (Inter-national Consortium for Political and Social Research) のアーカイブである．日本では，ICPSR 所蔵のデータを効率的に利用するため，ICPSR 国内利用協議会[12]が結成されている．協議会会員機関である大学では，ICPSR が保存しているデータセットを利用すること

---
[9] ホームページから自由にダウンロードできる無償のデータ・アーカイブもある．
[10] SSJDA (http://ssjda.iss.u-tokyo.ac.jp/)
[11] RUDA (https://ruda.rikkyo.ac.jp/)
[12] ICPSR 国内利用協議会 (http://ssjda.iss.u-tokyo.ac.jp/icpsr.html)

図 2.5　東京大学社会科学研究所附属社会調査・データアーカイブ研究センター

ができる[13]．自分の所属する大学が ICPSR 国内利用協議会の会員機関であるか，一度確認してみるとよいだろう．

ただし，もしあなたが研究者を目指すならば，データ・アーカイブばかりを当てにしてはならない．大学院生時代にデータ・アーカイブに依存しすぎると，調査スキルが身につかないだけではなく，将来，自らの手で研究プロジェクトを立ち上げることも困難になる．また，データ・アーカイブに保管されているデータセットは，その経緯から最新のデータではない場合が多く，自らが知りたい内容が調査されているとは限らない．データ・アーカイブが充実することは望ましいことであるが，一方で，そうした弊害もあることを理解しておこう．

[13) データ・アーカイブを使う意義などは，佐藤・池田・石田 (2000) を参照．

──────── コラム（割当法）────────
　緊急電話世論調査は，限られた時間のなかで回答を求めようとする．そのため，回答した者の属性は偏りやすくなる．たとえば，平日の昼は会社勤めの男性がつかまりにくく，どうしても専業主婦や年金生活者ばかりを拾ってしまうことになる．
　そうした事態を克服する1つの手段として用いられているのが，「割当法」である．社会の縮図になるよう，属性ごとに回収票数を割り当てて調査を行うのである．割当法は有意抽出の1つではあるが，上記のような理由からしばしば調査の現場で用いられる．また過去の経験から，「妥当性がある程度ある」と思われていることも，割当法が使われる背景にある．実際の現場でよく使われるのは，国勢調査等から予備知識を得られる「性別」と「年代」で回収数を割り当てる方法である．

練習課題
- 「全国世論調査の現況」を閲覧して，そのなかから世論調査を1つ選びなさい．選んだら，その世論調査結果が公表された媒体（新聞記事や書籍等）を探してみなさい．

レジュメ作成
- Mark Rodeghier『誰にでもできる SPSS によるサーベイリサーチ』（丸善，1997）を読み，質問票を作成する際の留意点をレジュメにまとめなさい．
- 西平重喜『世論をさがし求めて』（ミネルヴァ書房，2009）を読み，世論調査の歴史をレジュメにまとめなさい．

3

記述統計とグラフ表現

変数はさまざまな値をとるが，変数をおおまかに理解するにはどうすればよいだろう．記述統計を選択するのがおそらく一般的であろう．記述統計により，変数の中心傾向や，分布の広がり状況などがわかるからである．また，グラフを作成するという手もある．可視化することで，直感的な理解が可能となる．ここでは，記述統計とグラフ表現について説明することにしたい．

3.1 記述統計

3.1.1 データの中心性を示す代表値

算術平均

我々が変数の代表値としてしばしば用いるのが**算術平均 (arithmetic mean)** である．単に「平均値」といったら，通常は算術平均を指す．

第 1 章において，調査には対象とする母集団すべてを調査する全数調査と，母集団からサンプルを抽出して調査する標本調査があると説明した．算術平均の計算のしかたは，全数調査であっても標本調査であっても同じである．ただし，母集団平均と標本集団平均を区別するため，数式上は異なる文字を使うのがふつうである．

総数が N の母集団から得られた変数 x の母平均 μ は，次のように示すことができる．

$$\mu = \frac{1}{N}\sum_{i=1}^{N} x_i = \frac{x_1 + x_2 + x_3 + \cdots + x_n}{N}. \tag{3.1}$$

一方，標本平均の場合は，標本平均を $\bar{x}$ で示し，標本数は n で表現する．

$$\bar{x} = \frac{1}{n}\sum_{i=1}^{n} x_i = \frac{x_1 + x_2 + x_3 + \cdots + x_n}{n}. \tag{3.2}$$

算術平均は，我々にとって慣れ親しんだものではあるが，社会現象を算術平均で捉える場合，留意する点がある．

例 3.1　塾 A と塾 B の平均の算出

ある塾 A で試験（100 点満点）を行った．10 人が受験し，獲得した点数は，{23, 55, 35, 100, 16, 15, 42, 12, 8, 80} であった．同じ試験を別の塾 B で行ったところ，10 人が受験し，その得点は {59, 41, 55, 31, 35, 30, 38, 26, 30, 40} であった．双方の塾の平均値を算出しなさい．

この例 3.1 の答えは，塾 A の受験者が 38.60 点，塾 B の受験者が 38.50 である．電卓で計算すればすぐ算出できるだろう．平均値だけをみれば，塾 A の平均値が塾 B のそれをわずかに上回っている．そのため，平均値の比較から「塾 A の先生のほうが，塾 B の先生よりも指導力がある」と我々は認識しがちである．果たしてそういえるのであろうか．日頃，我々は平均値の比較を安易に行っているが，本当は慎重な対応が必要である．塾 A の受験者の得点分布を見ると，100 点や 80 点の者がいる一方で，10 点未満の者が 1 人，10 点以上 20 点未満の者も 3 人いる．一方，塾 B のほうは，飛び抜けた点数の者はいないが，20 点未満の者もいない．塾 A の結果は，「一部の優秀な者の成績に引っ張られただけ」という可能性が否定できないのである．

「平均値の間に統計学的に有意な差がある」というには，**検定 (test)** を行う必要がある．平均値の検定については，第 4 章で詳しく説明する．

外れ値

調査を実際に行ってみると，最大値や最小値がその他の値から飛び離れていることがある．これらを **外れ値 (outlier)** という．外れ値は，何らかの特別な理由によって発生すると考えられる．たとえば，都道府県のデータを調べてみ

ると，しばしば東京都の値が外れ値になる．人口集中の影響が，外れ値となる1つの要因である．東京都は首都機能を有しており，東京都知事は知事でありながら，首都東京の市長という性格も有している．こうした制度的な特徴も，外れ値が生じる要因になっていると考えられる．

統計分析に用いる観測値が少ないと，こうした外れ値は平均値を高く引き上げる（もしくは引き下げる）要因となり得る．平均値を用いて議論する際には，外れ値の存在がないか注意する必要がある．「外れ値を合理的な理由をもって分析からはずす」などといった措置が必要な場合もある[1]．

中央値

平均値ではなく，**中央値 (median)** を代表値として利用したほうがよい場合もある．中央値は，データを順に並べた際に中央に位置する値である（なお，データが偶数個の場合は，中央に近い2つの値の算術平均となる）．例3.1でいえば，塾Aの中央値は29（23と35の平均），塾Bの中央値は36.5（35と38の平均）である．平均値は塾Aのほうがほんの少し上であったが，「中央値は塾Bのほうが上」という結果になる．

余談であるが，公共選択の分野には，「投票者全体の選好分布の中央値に位置する**中位投票者 (median voter)** が，投票のキャスティングヴォートを握る」という仮説がある．知っておくとよいだろう．

3.1.2 データの散らばり具合を示す代表値

分散・標準偏差

例3.1における塾A，塾Bの得点分布をグラフで表現すると，それぞれ図3.1，3.2のようになる．図3.1はどちらかといえば凹型で，図3.2は凸型である．平均値は両者ほぼ同じであっても，データの散らばり具合は大きく異なる場合がある．

代表値のなかには，データの散らばり具合を示すものもある．その1つが**範囲 (range)** である．範囲は，変数の最大値から最小値を引くことで求めること

---

[1] 外れ値の原因がデータの入力ミスである可能性もある．外れ値を確認した際には，入力ミスによるものではないか，調査票原本と必ず突合するようにしたい．

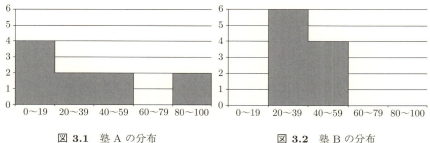

図 3.1 塾 A の分布　　　　図 3.2 塾 B の分布

ができる．例 3.1 でいえば，塾 A の範囲は最高点が 100，最低点が 8 であったので，範囲の値は 92，塾 B では最高点が 59，最低点が 26 であったので，範囲の値は 33 となる．

ただし，範囲は外れ値に左右されることがある．そのため，データの散らばり具合を示す代表値として一般的に使われているのは，**分散 (variance)**，およびその正の平方根である**標準偏差 (standard deviation)** である．分散と標準偏差は，算術平均同様，大学入学前に習ったはずである．ここでおさらいをしよう．

例 3.2　塾 A の分散の算出

例 3.1 のデータを用い，塾 A の分散を算出しなさい．

分散を算出するには，まず個々の値から算術平均を引いた**偏差 (deviation)** を算出する必要がある．塾 A の得点結果は，

$$\{23, 55, 35, 100, 16, 15, 42, 12, 8, 80\}$$

であったので，塾 A の生徒のそれぞれの偏差は次のとおりとなる．

$$\{-15.6, 16.4, -3.6, 61.4, -22.6, -23.6, 3.4, -26.6, -30.6, 41.4\}.$$

これらの偏差をそれぞれ 2 乗し合計した**偏差平方和 (sum of squared deviation)** は 8732.40 でこの偏差平方和を試験に参加した人数 10 で割った値 873.24

が分散の値（母分散）である．母分散 v は，次の式で表現することができる．

$$v = \frac{1}{N} \sum_{i=1}^{N} (x_i - \mu)^2. \tag{3.3}$$

母集団の分散を求める場合はこのやり方でよいが，標本調査の場合は**標本分散（sample variance，不偏分散 (unbiased variance) とも）**を求めることになる．標本分散 s^2 は，次の式で表現できる．

$$s^2 = \frac{1}{n-1} \sum_{i=1}^{n} (x_i - \bar{x})^2. \tag{3.4}$$

先ほどの塾 A の例で標本分散を計算すると，その値は 970.27 となる．

ところで，分散と標準偏差のどちらを論文等で使用したらよいだろうか．双方とも散らばりを示す値であるが，分散は正負の効果を排除するため 2 乗しているので，値がどうしても大きくなる．また，分散は 2 乗したことで単位も 2 乗になっており，単位を意識すれば，分散の正の平方根である標準偏差を使ったほうが感覚的にわかりやすい．標準偏差の特徴から，標準偏差を使ったほうがよいといえるだろう．

また標準偏差は，統計学で重要な確率分布である**正規分布 (normal distribution)** を理解するうえで大事な鍵となる．正規分布の形は，平均値を中心とする左右対称のつりがね型である（図 3.3）．正規分布はデータのばらつきをモデル化する際によく使われる分布であり，平均 μ，標準偏差 σ の正規分布 $N(x|\mu, \sigma^2)$

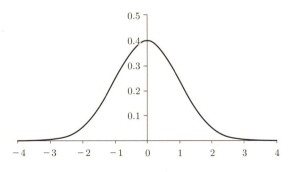

図 **3.3** 正規分布の形状

の確率密度関数 (probability density function) は，

$$N\left(x|\mu,\sigma^2\right) = \frac{1}{\sqrt{2\pi\sigma^2}} exp\left(-\frac{(x-\sigma)^2}{2\sigma^2}\right) \tag{3.5}$$

と定義される．正規分布には，±2σ 以下だと 95.5%，±3σ 以下だと 99.7% となるという特徴がある．第 4 章以降に登場する**有意水準 (significant level)** の検定は，こうした正規分布の特徴を利用して行われる．

なお，平均 0，標準偏差 1 の正規分布 $N(0,1)$ を，標準正規分布という．図 3.3 は，標準正規分布を図示したものである．

最頻値

名義尺度で測定された変数の平均や分散を算出することは，意味をもたない．加減乗除ができないからである．名義尺度で測定された変数の代表値としてよく用いられるのは，**最頻値 (mode)** である．最頻値は，変数を集計した際に最も高い頻度となる値のことである．

3.1.3 標準得点

昔を思い出してほしい．大学入試の際，あなたは何を基準に志望校を選んだのか．もちろん学びたい学部で大学を受験したのだろうが，偏差値を参考にしたのかもしれない．志望校を決める際に，各科目の素点ではなく偏差値を用いるのは，試験ごと，科目ごとに難易度が異なるからである．素点の平均を $\bar{x}$，標準偏差を s としたとき，偏差値 Z の算出方法は次のとおりになる．

$$Z = 50 + \frac{10(x-\bar{x})}{s}. \tag{3.6}$$

政治の統計分析でも，単位の異なる変数を用いて比較を行いたいことがしばしばある．たとえば，国会議員の政治力を「当選回数」，「選挙区での得票率」，「応援する地方議員の人数」で判断したいと思ったとする．これらの変数の値が高ければ高いほど政治力がある国会議員と見なすことができる．ただ，単位が不揃いなので数値を並べただけでは細かな優劣はわかりにくい．そこで，単位に依存しないよう偏差値化してみれば，比較しやすくなる．

研究分野では，入試で用いられる偏差値をそのまま使うのではなく，**標準得点**（standard score，z 得点とも）を算出するのが一般的である．

$$z = \frac{x - \bar{x}}{s}. \tag{3.7}$$

標準得点の算出のことを**標準化 (standardization)** といい，標準化された変数の算術平均は 0 である．また，標準化された変数の分散（標準偏差）は 1 である．このあたりは高校時代にすでに習っているので，高校の数学の教科書を見直してもよいだろう．

3.1.4 その他の代表値

算術平均や分散，標準偏差以外の代表値として，たとえば，分布が左右対称であるかを示す**歪度(わいど) (skewness)** や，分布の尖り具合を示す**尖度(せんど) (kurtosis)** がある．平均にもバリエーションがあり，算術平均のほかに**幾何平均（geometric mean，相乗平均とも）**や**調和平均 (harmonic mean)** がある．

これらは政治学の研究ではあまり見かけない．そのため，初学者レベルではこれらがあることを知っておけば十分である．

3.2 信頼区間

母平均を直接観察することができない場合，標本平均の値が母平均の推定値となる．しかし，標本平均と母平均がぴったり同じになる確率は低く，乖離していると思ったほうが無難である．なぜなら，第 1 章で述べたように標本誤差が発生するからである．

総数が N の母集団のうち，P 群に該当する者の母集団比率を π とし，この母集団から，無作為抽出によって n 人が標本として抜き出されるとする．その標本比率を p とし，群を分ける変数が 2 値データ（1 と 0 のダミー変数）であると仮定した場合（標本の数がある程度の数であるならば），**中心極限定理 (central limit theorem)** から，ここでの標本比率 p は，平均が，

$$E(p) = \pi, \tag{3.8}$$

分散が，

$$V(p) = \frac{N-n}{N-1} \cdot \frac{\pi(1-\pi)}{n} \tag{3.9}$$

である正規分布に近似した確率変数と見ることができる．

このことは，母集団比率 π が標本比率 $p \pm 1.96\sqrt{V(p)}$ に収まる確率が95%であることを示している[2]．ここで導き出された区間 $(p - 1.96\sqrt{V(p)}, p + 1.96\sqrt{V(p)})$ は，「**信頼係数 (confidence coefficient)** 95%の母集団比率 π の**信頼区間 (confidence interval)**」と表現できる．

標本調査をする際には，抽出すべき**標本数 (sampling size)** をどのように決めたらよいのであろう．標本をたくさんとればとるほど調査の精確さは増す．しかし学術調査として行われる世論調査の多くは，標本数が 1000〜2000 である．これは，予算とデータ精度の落としどころがこのあたりであるからにほかならない．

先ほどの標本比率の議論をもとに計算を行うと，標本数は目標とする精度が5%であるならば概ね 400 程度，2.5%であるならば概ね 1600 程度を標本数とすれば十分であることが導き出せる．

3.3 グラフによる表現

グラフは得られたデータを図示したものである．読者の多くは大学入学以前からグラフに慣れ親しんできたと思われるが，改めてグラフを作成する意義や留意点を振り返ることにしたい．

データを表現する方法として，グラフではなく表を用いることもある．表には細かく数値が書き込まれるため，繰り返し読み返す場合に有用である．一方，グラフは視覚を通してデータを直感的に把握することを可能にし，データの外れ値を発見する際にも有用である．

表で表現すべきか，それともグラフで表現すべきか，読み手や聞き手のことを考えて使い分けることが我々には求められる．概ね，本や論文のように繰り返し読むことができる場合は表で表現したほうがよく，学会報告などのように細かい数値を見せても聞き手が理解しきれない場合は，グラフを作成して視覚（直感）に訴えたほうがよい．

---

[2] 有意水準の検定はこうした正規分布の特徴を利用している．

3.3.1 棒グラフ

棒グラフ (bar graph) は，度数を棒の高さ（横棒グラフでは長さ）で表現するグラフである[3]．度数が多い順（小さい順）に並べると見やすいが，横軸（横棒グラフでは縦軸）のカテゴリーの並びに意味がある場合（順位尺度になっている場合など）もあるので，作図する際には注意が必要である．

図 3.4 は，「平成の大合併」で合併した自治体のうち，住民投票を実施した自治体の数を図示したものである．この図から，法定による住民投票は相対的に西日本で多く行われたことが確認できる．また，近畿地方では住民投票の実施数が少ないことがわかる．

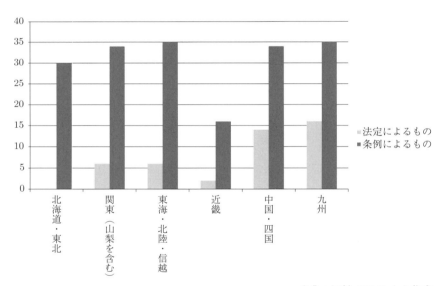

出典：河村 (2010) から作成

図 3.4 縦棒グラフの例（合併市町村における住民投票実施数）

3.3.2 折れ線グラフ

折れ線グラフ (line graph) は，時系列的な変化を表現する際によく用いら

---

[3] 縦棒ではなく横棒で表現する棒グラフもある．論文が横書きであれば，横棒グラフのほうが理解しやすいだろう．

れる．点と点を結ぶことで，値が時系列的に増えている（ないしは減っている）ことを強調する．折れ線グラフでは，変化を強調する観点から，X軸・Y軸の目盛りが操作されている場合がある．そのため，折れ線グラフを読み解くときには，そういった部分を見落とさないよう注意が必要である．

図 3.5 は，東日本大震災後における仙台市の人口変動および仙台都市圏の人口変動を図示したものである．この図から，仙台市およびその周辺では，震災の影響で急激に人口が減少したが，2011 年末には震災前の人口水準まで回復していたことがわかる．

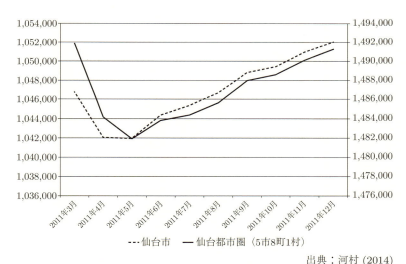

出典：河村 (2014)

図 3.5 折れ線グラフの例（東日本大震災後の仙台市および仙台都市圏の人口変動）

3.3.3 円グラフ

円グラフ (circle graph) は，カテゴリーの応答割合を扇形の弧の長さ（および中心角の角度と面積）に対応させ，表現したものである．ドーナツグラフは円グラフの変形であり，内円にデータの総量などを記入したものが多い．円グラフは比率を表現することを主にしているので，数値をグラフに書き込む際には度数を省略し，比率を書く場合が多い．

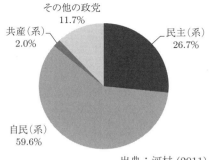

出典：河村 (2011)

図 3.6 円グラフの例（2010 年参院選における農業従事者の投票先）

図 3.6 は，東北大学政治情報学研究室が，朝日新聞仙台総局との農業従事者調査において，農業従事者が 2010 年参院選でどの政党に投票したか，その回答結果を図示したものである．この図から，民主党（系）の候補者に投票した者は回答者全体の 26.7%であり，6 割近くが自民党（系）の候補者に投票していたことが確認できる．

3.3.4 帯グラフ

帯グラフ (rectangular graph) は[4]，要素間で構成比がどの程度異なっているか可視化する際に用いられる．異なるデータとの割合の比較や，時間経過にともなう変化などを示す際にも使われる．区分線がある場合とない場合があるが，区分線があったほうが傾向を読み取りやすい．

図 3.7 は，仙台市民の東日本大震災に対する国の仕事ぶりへの評価が被災の程度と関連しているかを，確認するために作成した帯グラフである．縦軸の該当数は，家屋の損害があったかなど被災状況に関する 10 の質問項目で「はい」と答えた数である．該当数が多いほど，回答者がより被災していることを示している．このグラフから，より被災している仙台市民ほど国の仕事ぶりに満足していない傾向があることがわかる．

---

[4] Microsoft Excel では，「100%積み上げ縦棒グラフ（横棒グラフ）」となっている．

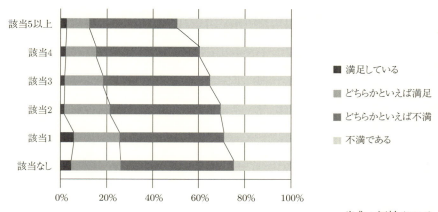

図 3.7　帯グラフの例（被災の程度と国の仕事ぶりに対する評価の関係）

3.3.5　ヒストグラム

　ヒストグラム (histogram) は，量的変数の分布を確認する際に用いられる．一般的に横軸に階級をとり，縦軸にその階級に含まれる度数をとった形で表現される．一見棒グラフと似ているが，棒グラフでは棒の高さ（横棒グラフでは長さ）で度数を示し，ヒストグラムでは面積で度数を示しているところに違いがある．ヒストグラムの形状は階級のとり方によって左右されるので，階級のとり方には注意が必要である．たとえば，人口分布のヒストグラムであれば階級を 5 歳刻みにするか，それとも 10 歳刻みにするかでその形状が異なる．

　図 3.8 は，「平成の大合併」で誕生した合併自治体を対象とし，その合併自治体のなかで最も人口の多い地域（旧市町村）の人口比を計算し，その人口比の値の分布をヒストグラムで表現したものである．人口規模が大きく異なる場合，編入合併が選択されるのがこの図から確認できる．同時に，人口規模が大きく異なる自治体同士の合併であっても新設合併が選択されていたことも，この図からわかる．

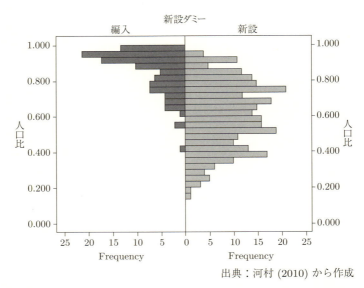

出典：河村 (2010) から作成

図 3.8 ヒストグラムの例（合併自治体中，人口が最大である地域（旧自治体）の人口比の分布）

3.3.6 箱ひげ図

箱ひげ図 (box plot) は，「ハコ」と「ヒゲ」によって変数の分布を示すグラフである．箱ひげ図では，量的変数の「最小値」，「下側四分位数（下側 25%）」，「中央値（50%）」，「上側四分位数（上側 25%）」，「最大値」を確認することができる（ただし，ここでの最小値や最大値は外れ値を除いた値であり，外れ値は別途記号などで明示される）．

変数の分布を表現することができる箱ひげ図であるが，箱ひげ図には，変数の分布が**単峰型 (unimodal)** であるか，**多峰型 (multi-modal)** であるか，判断しづらいという特徴もある．

3.3.7 散布図

散布図 (scatter diagram) は，2 つの量的変数の関係を表現するときに利用される．散布図は 2 変数で示される各ケースの座標に点を打ったグラフである．点の散らばり具合が概ね右肩上がりであれば，横軸に割り当てられた変数と縦

3.3 グラフによる表現　43

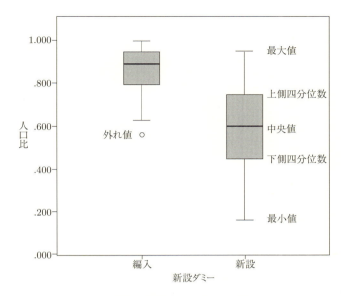

図 3.9　図 3.8 を箱ひげ図で示した場合

軸に割り当てられた変数の間には正の関係がある．右肩下がりであれば負の関係がある．もし散布図の散らばり具合が，縦軸や横軸にほぼ平行であったり，描画範囲全体に点が一様に広がっていたりしたら，この2つの変数の間の関連性は弱いと推察される（第5章参照）．

図 3.10 は，各都道府県における防災拠点の耐震化率を横軸に，公立小中学校の耐震化率を縦軸にとったものである．右上に神奈川県や愛知県，東京都，静岡県などが布置されており，地震対策が進んでいる都県は防災拠点の耐震化も公立小中学校の耐震化も進んでいることがわかる．

3.3.8　それ以外のグラフ

このほかに政治・行政の現場で見かけるグラフとして，不平等の程度を示す**ジニ係数 (Gini's coefficient)** を図示したローレンツ曲線や，ある基準値に対する各変量の程度を表現した**レーダーチャート**（**radar chart**, 蜘蛛の巣グラフとも）などがある．

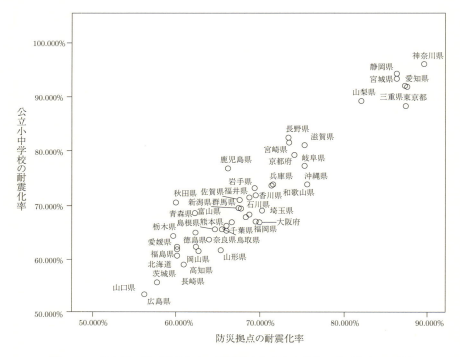

図 **3.10** 散布図の例（防災拠点の耐震化率と公立小学校の耐震化率の関係）

コラム（地図とグラフの組み合わせ）

　政治学では，国ごとの比較や地方自治体ごとの比較を集計データで行うことがある．こうした比較分析をする際は，表作するのが一般的である．しかしながら，国や地方自治体の位置関係を理解したほうがわかりやすい場合などでは，地図とグラフを組み合わせて表現したらよい．特に，学会報告など，内容理解のための時間が限られている場合に効果的である．近年はパソコン上で地図を加工することは簡単になっているので，一度試してみたらよいだろう．

　図 3.11 は，2011 年秋，仙台市民に対して筆者が立教大学と共同で行った意識調査の結果を，区ごとに集計したものである[次頁5)]．「あなたは被災者であるか」という質問に対し，「そう思う」と答えた割合は各区とも 1 位であることがわかる．ただ，内陸の泉区の回答結果と沿岸の宮城野区の結果を比較すると，内陸の泉区のほうが「そう思う」と答えた割合が高い．ここから，「津波の被害が大きい沿岸部の区民のほうが，被災者意識は高い」とは言い難いことがうかがえる．

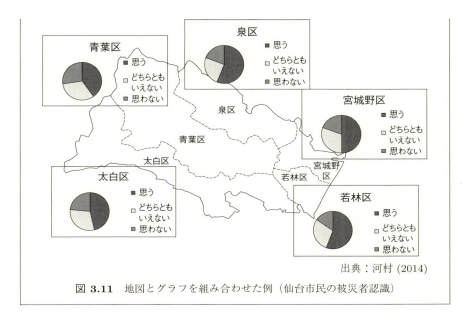

図 3.11 地図とグラフを組み合わせた例（仙台市民の被災者認識）

練習課題
・あなたが住む都道府県にある市区町村の統計指標（人口や面積など）を集め，それらの指標の記述統計量を算出しなさい．
・あなたが住む都道府県にある市区町村の統計指標を集め，それらを利用して本章で紹介した各グラフを作成してみなさい．

レジュメ作成
・増山幹高『議会制度と日本政治』（木鐸社，2003）第2章を読み，その内容と図表との関係がわかるようなレジュメを作成しなさい．
・水崎節文・森裕城『総選挙の得票分析 1958-2005』（木鐸社，2007）第5章を読み，筆者らが図表と文章どう組み合わせて説明しているのかに注目しながら，レジュメを作成しなさい．

---

[5] この調査については，生活と防災についての意識調査 (http://www2.rikkyo.ac.jp/web/murase/11send.htm) を参照．データは，「立教大学データアーカイブ (RUDA)」から借り受けることができる．

4 平均値を用いた検定

　現実の政治現象を観察していると,「2つの集団の間で違いがあるのではないか」と思うことが多々ある．たとえば,次のような意見を見聞きしたことがあるかもしれない．

- 与党支持者と野党支持者の間で,政策に対する評価が違っているのではないか？
- 官僚出身の知事のほうが,そうではない知事よりも財政運営が手堅いのではないか？
- 「平成の大合併」で合併した自治体のほうが,合併していない自治体よりも公共投資に積極的なのではないか？

2つの集団の間で統計学的に有意な違いがあるか確認する方法の1つとして,平均値の差の検定がある．本章では,統計学での仮説の検定について簡単に説明し,その後,平均値を用いた検定を実際に行う．

4.1 仮説と有意水準

　統計分析では,自らが設定した仮説が統計的に有意であるのかを確かめることが求められる．ただしその際には,自らが設定した仮説を否定する命題を統計学的に棄却できるか確認するという,回りくどい方法をとる．

　平均値の差の検定を学ぶ前に,次の例4.1を使って,それについて説明したい．

4.1 仮説と有意水準　47

例 4.1　都道府県の耐震化に関する検定の実施（標本が対ではない場合）

東日本大震災で多くの公共施設が被災したことにより，公共施設の耐震化状況に関心が集まっている．一般的に，太平洋側の自治体ほど耐震化が進んでいるといわれているが，果たしてそれは統計学的に支持されるのであろうか．防災拠点の耐震化率について検討しなさい．

この例 4.1 に答えるためには，まずデータを集めなければならない．ここではホームページから国土交通省の大臣会見資料をダウンロードし[1]，そこに記載されている「住宅の耐震化率」，「公立小中学校の耐震化率」，「病院の耐震化率」，「防災拠点の耐震化率」を用いることにしよう．分析単位は都道府県である．

なお，太平洋側の自治体であるか否かを定義しなくてはならないが，これは資料に掲載されていないので，ここでは下の都道県を太平洋側に位置している自治体と定義する[2]．

<u>太平洋側と定義する都県</u>
　北海道, 青森県, 岩手県, 宮城県, 福島県, 茨城県, 千葉県, 東京都, 神奈川県, 静岡県, 愛知県, 三重県, 和歌山県, 高知県, 宮崎県, 鹿児島県, 沖縄県

4.1.1　帰無仮説と対立仮説

例 4.1 で確かめたい仮説は，「① 太平洋側の自治体とそれ以外の自治体では耐震化率に違いがある」である．ただ先ほど述べたように，統計的な検定は回りくどい方法をとるので，自分が確かめたい仮説とは反対の「② 太平洋側の自治体とそれ以外の自治体で耐震化率に差はない」という仮説を立て，それが妥当か否かを検証することになる．そして，もしこの仮説が統計的に否定されれば，「自らの提示した仮説は妥当だった」ということになる．

②のように別の仮説の妥当性を確認するために立てられる仮説を**帰無仮説 (null hypothesis)** と呼び，帰無仮説が否定されることで妥当性が確認される仮説を**対立仮説 (alternative hypothesis)** と呼ぶ．統計学の書籍等では，帰無仮説は H_0，対立仮説は H_1 と表記されたりする．なお，帰無仮説と対立仮説

---

[1] 国土交通省，耐震化の進捗について (http://www.mlit.go.jp/common/000133730.pdf)
[2] 該当する自治体を 1，該当しない自治体を 0 とするので，この変数はダミー変数である．

は相反するペアになっていなければならない.

例 4.1 で検定を行おうとする場合, 設定される仮説は次のとおりである.

H_0：太平洋側の自治体とそれ以外の自治体で耐震化率に差はない.
H_1：太平洋側の自治体とそれ以外の自治体で耐震化率に差がある（もしくは, 太平洋側の自治体の耐震化率は, それ以外の自治体で耐震化率より高い）.

4.1.2 有意水準

先行研究の論文を読んだ際,「5%の有意水準」といった表現を目にしたことがあるだろう. 検定は, 検定を行う者が有意水準を定め, 計算によって導き出された**有意確率**（p value, p 値, 危険率とも）がこの有意水準を下回るかを確認することで行われる. たとえば, 仮に有意水準を 5% と設定し有意確率が 0.04 であれば, 有意確率が 5% を下回っているので,「帰無仮説は棄却され, 5% 水準で統計的に有意である」と判断されることになる. ここから, 有意水準を大きくすれば帰無仮説は棄却されやすくなることに気づくだろう.

なお, 多くの先行研究で 5% を有意水準にしているが, 実は「有意水準は 5% でなくてはならない」と客観的に定められているわけではない. 有意水準を 10% とする研究も実際には存在する. 5% 水準は習慣であると思えばよい. そのため, 検定を行う際, 有意水準をクリアすることだけに執心してはならない. たとえば, 有意水準を 5% に設定し, 算出された有意確率が 0.051 だった場合はどうか. 5% 水準をクリアできてはいないけれども, 10% 水準であれば十分クリアできていることになる. 論文等を執筆する際には, 有意水準をクリアしたか否かのみを記述するよりも, 有意確率はいくつであるのかを示したほうが望ましい.

また, 先ほど例 4.1 の対立仮説 H_1 を「太平洋側の自治体とそれ以外の自治体で耐震化率に差がある」もしくは「太平洋側の自治体の耐震化率は, それ以外の自治体で耐震化率より高い」とした. 前者をとるなら,「差がある」ことを確認するので, 検定は両側検定を行うことになる. 一方, 後者をとるなら, 太平洋側の自治体のほうが耐震化率は高いという想定の下で検定を行うことになるので, 検定は片側検定となる. 両側検定の場合, 棄却域は両側に設定される（図

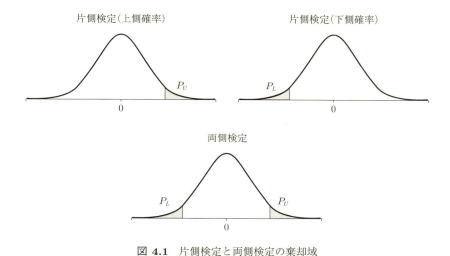

図 **4.1** 片側検定と両側検定の棄却域

4.1).そのため,5%の有意水準で両側検定を行う場合は,「上側確率 P_U と下側確率 P_L の合計が5%」となる.一方,5%水準の片側検定であれば,「上側確率 P_U が5%」もしくは「下側確率 P_L が5%」となる.

4.2 平均値の差の検定

4.2.1 t 検定の使われる場面

t 検定 (t-test) は,帰無仮説が正しいと仮定したとき,統計量が t 分布 (t-istribution) に従うことを利用した検定の手法である.図 4.2 は,**自由度 (degree of freedom)**[3] が 4 の t 分布を図示したものである.t 分布には,自由度を大きくすると正規分布に近づくという特徴がある[4].

---

[3] 推定値全体のうち,独立なものの個数を自由度と呼び,それは標本数から推定したい**母数 (population parameter)** を引いた値のことである.標本数を n,推定したい母数を p としたら,自由度は $n-p$ となる.1 つの母数を推定するたびに 1 つの自由度が減るということである.言い換えると,$n-p \leq 0$ では母数を推定することはできない.推定したい母数が多いなら,十分な標本数を確保しなければならない.自由度は,**記述統計学 (descriptive statistics)** ではなく,**推測統計学 (inferential statistics)** に属する考え方である.各種検定に顔を出すので覚えておこう.

[4] 正規分布はその定義において母数を用いるが,分布では**不偏推定量 (unbiased estimator)** を用いる.不偏推定量とは,標本から測定した推定量の期待値が母集団のそれに等しいときの推定量のことである.

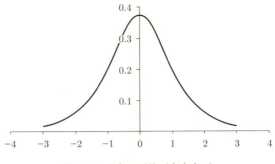

図 4.2 分布の形状（自由度 4）

t 検定がよく使われるのは，概ね次の場面である．

① 2 つの母集団がどちらも正規分布に従うと仮定した際，双方の平均値が等しいか，検定するとき
② 回帰直線の傾きが 0 と有意に異なるかどうか，検定するとき
③ 正規分布に従う母集団の平均が特定の値に等しいか，検定するとき

①は，(a) 標本が対になっている場合と，(b) 標本が独立している場合の 2 つがある．例 4.1 は，太平洋側の自治体とそれ以外の自治体の間の耐震化率の差を検討するので①に該当する t 検定であり，標本が対になっていないために，(b) を想定して行われることになる．②については，回帰分析の章で説明する．

4.2.2 標本が対になっていない場合の t 検定

t 検定では **t 値 (t value)** を計算し，有意確率を確認する．ここでは，**スチューデントの t 検定 (Student's t-test)** の具体的な方法について説明する．

A 群の平均値を $\overline{x_A}$，標本数を n_A，B 群の平均値を $\overline{x_B}$，標本数を n_B とし，2 群の分散の推定値を V としたとき，次の式で t 値を算出することができる．ここでの帰無仮説 H_0 は，「双方の平均値に差がない」であり，次式で算出された t 値を見て，帰無仮説が棄却できるか確認することになる．

$$V = \frac{(n_A - 1) \cdot A \text{群の不偏分散} + (n_B - 1) \cdot B \text{群の不偏分散}}{n_A + n_B - 2}, \quad (4.1)$$

$$t = \frac{\overline{x_A} - \overline{x_B}}{\sqrt{V\left(\dfrac{1}{n_A} + \dfrac{1}{n_B}\right)}}. \tag{4.2}$$

遠回りとなったが，ここで例 4.1 の答えを出すことにしよう．例 4.1 の帰無仮説 H_0 と対立仮説 H_1 は，すでに述べた（ここでは両側検定で検討することにする）．

H_0：太平洋側の自治体とそれ以外の自治体で耐震化率に差はない．
H_1：太平洋側の自治体とそれ以外の自治体で耐震化率に差がある．

数値を代入して計算すると，t 値は -2.583 となる．t 値は，5%水準（両側検定[5]）で有意な値を示している．そこから，「帰無仮説は棄却され，太平洋側の自治体のほうとそれ以外の自治体での耐震化率には差がある」といえる結果が得られる[6]．

ただし，スチューデントの t 検定は 2 群の等分散を前提とした手法である．そのため，厳密に議論するには，与えられた 2 つの群の分散が同じかどうか先に確認する必要がある．「両群の分散は等しい」を帰無仮説 H_0 とする検定を行うのである．検定の手法にはいくつかあるが，SPSS では**ルビーンの検定 (Levene test)** を用いて等分散を確認するようになっている．両群の分散が等しいとはいえない場合には，スチューデントの t 検定の改良版である**ウェルチの t 検定 (Weltch's t-test)** の計算結果も SPSS では算出されているので，そちらを見ることになる．ウェルチの t 検定での t 値算出方法は，次のとおりである．

$$t = \frac{\overline{x_A} - \overline{x_B}}{\sqrt{\left(\dfrac{A\,\text{群の標本分散}}{n_A} + \dfrac{B\,\text{群の標本分散}}{n_B}\right)}}. \tag{4.3}$$

式 (4.3) で算出した t 値は -2.197 である．

ウェルチの t 検定では，2 つの群の分散が等しいか否かを意識する必要がない．そのため，「ウェルチの t 検定で検定を行えば十分」という教科書や統計解

---

[5] 5%水準（両側検定）を採用する場合，その値は概ね絶対値 1.96 であるので，目安として覚えておけばいいだろう．
[6] 統計解析ソフトでは，基本的に t 値だけではなく有意確率も表示される．

析ソフトもある．

4.2.3 標本が対になっている場合の t 検定

もし期日前投票奨励の効果があれば，震災後の期日前投票数は，震災前の期日前投票数よりも増えていると考えられる．ここでは宮城県の市町村を標本に，2010 年参院選と 2013 年参院選の間での変化を比較する．

例 4.2 期日前投票の変化に関する t 検定の実施（標本が対の場合）

東日本大震災後，被災地の各選挙管理委員会は投票率の低下を懸念し，総務省と協力しながら，期日前投票の奨励等，さまざまな投票率向上策を行った．

被災地では，震災前の選挙と震災後の選挙において，期日前投票数に有意な差があるといえるのか，検討しなさい．

まず，この例 4.2 で実際に検定を行うため，宮城県選挙管理委員会のホームページより，2013 年参院選の投票結果のデータをダウンロードする[7]．2013 年のデータには，前回参院選の期日前投票結果も掲載されているので，ダウンロードしたデータで市町村を分析単位とするデータセットが作成できる．なお，仙台市は人口規模が東北のなかで圧倒的に大きいことと，震災後に人口集中が進んでいることが想定されるので，ここでは分析から除外することにする．

ここでの帰無仮説 H_0 と対立仮説 H_1 は，次のとおりとする．

H_0：前回の期日前投票結果の母集団の平均と，今回の期日前投票の母集団の平均に差はない．

H_1：前回の期日前投票結果の母集団の平均と，今回の期日前投票の母集団の平均に差がある．

データセットから，今回の参院選での期日前投票数の平均は 3926.44，前回参院選のそれは 3249.56 であることがわかる（標本数 34）．単純に比較すれば，期日前投票は増える傾向にあるといえそうである．

---

[7] 平成 25 年 7 月 21 日執行 第 23 回参議院議員通常選挙結果 (http://www.pref.miyagi.jp/soshiki/senkyo/h25sangi.html)

t 値を算出する式は次のとおりである．ここでの d_i は，今回の期日投票数から前回の期日投票数を引いた値である．

$$t = \frac{\overline{d} - 0}{\sqrt{\dfrac{\frac{1}{n}\sum_{i=1}^{n}(d_i - \overline{d})^2}{n-1}}}. \tag{4.4}$$

実際に計算してみると t 値は 5.32 となり，t 値の絶対値は 5%水準の目安である 1.96 よりも大きい値を示している．ここから，今回の期日前投票の結果と前回の期日前投票の結果の間には，有意な差があるといえる．

4.3 標本平均の検定

市区町村に対して標本調査を行うような場合，回答を返してくれた市区町村が母集団（全市区町村）の標本と見なせるか，確認することが望ましい．なぜなら，回答した市区町村に偏りがある可能性もあるからだ．標本が母集団から抽出された標本と見なせるかは，標本平均および母平均，母分散を用いた検定により，確認することができる．市区町村を対象に調査を行う場合，母集団の人口や財政力といった指標は基本的に既知であるので，標本が母集団から抽出されたものと見なせるか，検定を行うことができる．

例 4.3　標本平均の検定の実施

過去に大規模災害にあった 248 市町村を母集団とするアンケート調査を行ったところ，122 市町村から回答を得た．人口の母平均は 58411，母分散の正の平方根（母集団の標準偏差）は 118930 であり，回答のあった市町村の平均（標本平均）は 72894 であった．

この値を用いて，回答があった市町村は母集団からの標本と見なせるか確認しなさい．

ここでの帰無仮説 H_0 と対立仮説 H_1 は，次のとおりとする．

H_0：母集団の平均と標本の平均の値に差はない．
H_1：母集団の平均と標本の平均の値に差がある（両側検定）．

検定を行うには，次の方法で正規偏差 z を算出し，帰無仮説が棄却されるか，確認すればよい．

$$z = \frac{標本の平均 - 母平均}{\frac{母分散の平方根}{\sqrt{標本の数}}}. \tag{4.5}$$

値を代入すると，z の値は 1.35 となり，t 検定で目安とされる 1.96（5%水準）よりも小さい．ここから，有意な差があるとはいえないとなる．

コラム（知事を悩ます「平均」）

川勝平太・静岡県知事が，「全国学力テストの成績が芳しくなかった学校の校長名を開示したい」という意向を示し物議を醸したように（図 4.3），全国学力テストの結果に一喜一憂する知事は少なくない．

> **学力テストワースト「校長名公表」**
> **静岡知事発言 広がる波紋**
>
> 「責任は教師にあると確信している」．全国学力テストで国語Aの成績が全国最下位だったことを受け，「成績が悪かった小学校の校長名を公表したい」との意向を示した静岡県の川勝平太知事．「教師の自信を奪いかねない」「冷静に考えて」．教育現場には不安や戸惑いが広がっている．
> 9日の定例会見で全国学力テストの結果に関し問われると，川勝知事はむっとした表情で「絶望的な気持ちになった．強烈な危機感を持っている」と話し始めた．
> 早稲田大教授などを務めた知事は「私も長年教育現場にいたことがある」と前置きし「教師の授業が最低だということ．反省材料にしてもらいたい」「子どもを伸ばすことができない教師は退場願いたい」と持論を展開した．
> 県内の小学校で校長を務める男性は「学校教育はテストの点数だけで評価されるものではない」と語る．「地域や家庭環境によって抱えている課題は一人ずつ違う．
>
> 子どもを自立させるのが教育の目的．教師は生徒に，どんな指導をすればいいのか日々悩んでいる」と現場への理解を求めた．
> 別の小学校で教頭を務める男性は「教師の自信を奪うことにつながる」と不安を隠さない．「自分の学校の成績がいいか悪いかなんて，平均点と比べれば，分かること」と語り，発表の必要性に疑問を呈した．
> 県教職員組合の小山悟書記長（45）は「発言の真意は分からない」とした上で「悪者探しにつながる可能性がある．保護者との信頼関係も崩れかねない」と混乱を懸念していた．
> 文部科学省の担当者によると，佐賀県武雄市の小中学校は各校ごとに学校別成績を公表しているが，校長の同意を得ずに成績を公表したり，校長名を公表したりしたケースは「前代未聞」という．同省の幹部は「校長を見せしめにしたいのか」と吐き捨てるように言った．
>
> 「教師の自信奪う」 現場困惑 「保護者との信頼崩れる」

出典：『河北新報』2013年9月10日（共同通信配信記事）

図 4.3 学力テストに関する記事

しかし，よく考えれば，「全国平均の上だったか，下だったか」を知事たちは気にしすぎではないだろうか．全国学力テストは，たしかに各都道府県の結果が示されるが，そもそも有名私立進学校のなかには参加していない学校もある．有名私立進学校が参加していなければ，平均点が相対的に低くなるのは少し考えればわかることであるし，前章で指摘したように平均が同じであっても，その分布が異なっている場合もある．

「平均より上か，下か」に終始するのではなく，学力の二極化が進んでいないかチェックすることも実は大事である．

練習課題
- 例 4.2 を参考にしながら，あなたの住む都道府県の知事選挙における期日前投票の投票数が，今回と前回で有意な差があるか，検定をしてみなさい．

レジュメ作成
- 斉藤淳『自民党長期政権の政治経済学』(勁草書房，2010) 第 8 章を読み，「平成の大合併」が自民党の集票構造とどう影響したのか留意しながら，レジュメを作成しなさい．
- 飯尾潤（編）『政権交代と政党政治』(中央公論新社，2013) 第 2 章を読み，自民党と民主党との間の違いに注目しながら，レジュメを作成しなさい．

5 相関分析と単回帰分析

　政治環境と財政支出の間に関連性があることは，古くから指摘されてきた．しかし，日本の政治学の分野において，統計学的手法を用いてその関係を議論することが広まったのは，1980年代以降になってからである．その嚆矢の1つと挙げられるのが，大森彌・佐藤誠三郎（編）『日本の地方政府』（東京大学出版会，1986）である．この書の中で飽戸弘と佐藤誠三郎は，社会指標や政治指標といった量的変数が財政指標という量的変数とどのような関係があるのか，相関関係を確認し回帰分析を行っている．

　量的変数と量的変数の間の関係性を見るにあたって，その基本となるのは相関係数の算出であり，回帰分析の実施である．本章では，相関係数と回帰分析の基礎について説明する．

5.1　相関係数

5.1.1　相関係数

　2つの量的変数の間の関連性を把握する際にしばしば用いられるのが，ピアソンの積率相関係数 (Pearson's product-moment correlation coefficient) である．単に「相関係数」といえば，通常，ピアソンの積率相関係数を指す．

　相関係数は -1〜1 の間の値をとり，相関係数が正の値であれば「正の相関がある」，負の値であれば「負の相関がある」と表現する．値が0に近ければ「相関関係は弱く」，1もしくは-1に近ければ「相関は強い」となる．ただし，い

くつ以上から相関が強いというかは，経験則によるところが大きい．相関係数の値が 0.4 以上もしくは −0.4 以下であれば，かなりの相関関係があるといえるだろう．

変数 x と変数 y との相関係数 r_{xy} の算出式は，

$$r_{xy} = \frac{\sum_{i=1}^{n}(x_i - \bar{x})(y_i - \bar{y})}{\sqrt{\sum_{i=1}^{n}(x_i - \bar{x})^2}\sqrt{\sum_{i=1}^{n}(y_i - \bar{y})^2}} \tag{5.1}$$

である．相関係数は順序尺度であるので，「相関係数が 2 倍だから関係が 2 倍強い」ということはできない．

相関係数の値が 1 であれば，図 5.1 のような状況である．一方，図 5.2〜5.4 のような分布の場合，相関係数の値は 0 となる．これらの図からわかるように，相関係数は，2 つの量的変数の「線形関係の状況」と「両者の関係性の強さ」を示すものであり，2 つの量的変数の因果関係を示すものではない．

今後，頻繁に多変量解析を行うなら，変数間の相関係数をはじめに算出すると

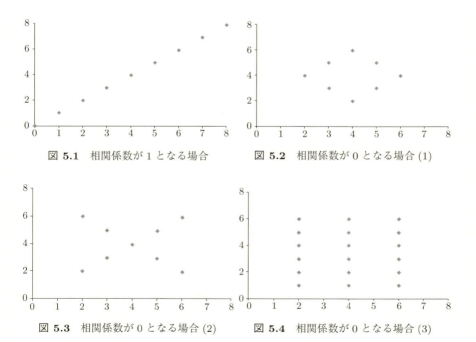

図 **5.1** 相関係数が 1 となる場合 図 **5.2** 相関係数が 0 となる場合 (1)

図 **5.3** 相関係数が 0 となる場合 (2) 図 **5.4** 相関係数が 0 となる場合 (3)

いう習慣を身につけたほうがよい．変数間の相関関係を知っておくことで，**見かけ上の相関 (spurious correlation)** や**多重共線性 (multi co-linearity)** といった問題などに陥ることを回避することができるからである（見かけ上の相関は本章の偏相関の説明のところを，多重共線性は第 6 章を参照）．

例 5.1　防災拠点の耐震化と公立小中学校の耐震化の相関係数の算出

防災拠点の耐震化が進んでいる都道府県は，公立小中学校の耐震化も進んでいるといえるのか．第 4 章で用いたデータで相関係数を算出し，確認しなさい．

グラフ化も相関関係を確認するうえで有用であることを忘れてはならない．そこでまず，散布図を作成しよう．グラフの形状（図 5.5）は，強い相関がある形状を示している．

数値を算出式に代入して計算した結果，防災拠点の公共施設の耐震化率と公立小中学校の耐震化率の相関係数の値は 0.952 となった[1]．この値から，両変数の間には，非常に強い相関関係があることがわかる．

5.1.2　偏相関係数

通常，変数 x と変数 y との間に強い相関関係がある場合（相関係数の値が絶対値 1 に近い場合），次の 3 点のいずれかが成り立っていると考えられる．

① 変数 x は，変数 y の説明要因である．
② 変数 y は，変数 x の説明要因である．
③ 変数 x と変数 y の共通の説明要因 z が存在している（図 5.6）．

相関関係は，上述したように因果関係を示しているわけではない．そのため，①の因果関係を議論したいのであれば，変数 y を**従属変数（dependent variable，被説明変数**とも）とし，変数 x を**独立変数（independent variable，説明変数**とも）とする単回帰分析を行うことになる．同様に，②の因果関係を議論したいのであれば，変数 x を従属変数とし，変数 y を独立変数とする単回帰

---

[1] Microsoft Excel でデータが入力されていれば，CORREL 関数の利用により，すぐに値を得ることができる．

5.1 相関係数　59

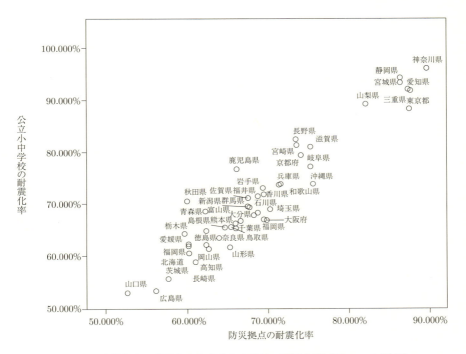

図 5.5 防災拠点の耐震化率と公立小中学校の耐震化率（図 3.10 と同じ）

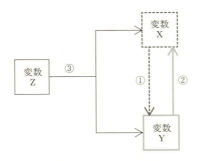

図 5.6 相関が強い場合の関係性

分析を行う．

　なお，変数 x と変数 y の相関係数の値が，変数 z の影響を受けた結果，強い関係を示す値になっている場合もある（③の場合のこと，**疑似関係 (spurious** relationship))．このような状況が予想されるとき，z で説明できる部分を取り除いて x と y の関係を検討し，x と y の間に見られる強い相関関係が見かけ上の相関ではないことを確認する必要がある．

見かけ上の相関か否かを確認するためにしばしば用いられるのが，**偏相関係数 (partial correlation coefficient)** を算出して判断する方法である．制御変数 z の影響を取り除いた x と y の偏相関係数 $r_{xy\cdot z}$ の算出式は，

$$r_{xy\cdot z} = \frac{r_{xy} - r_{xz}r_{yz}}{\sqrt{1-r_{xz}^2}\sqrt{1-r_{yz}^2}} \tag{5.2}$$

である．x と y の相関係数が強い関係を示す値であるのにもかかわらず，z を考慮した x と y の偏相関関係が弱ければ，「両者の間で確認された強い相関関係は見かけ上のもの」となる．

例 5.2　偏相関係数の算出

防災拠点の耐震化も公立小中学校の耐震化も，自治体の財政力に大きく左右されると思われる．

そこで，自治体の財政力の影響を考慮してもなお，防災拠点の耐震化率と公立小学校の耐震化率の間で強い相関関係が確認できるか，確かめなさい．

この例題に答えるには，まず財政力を示す変数を探してくる必要がある．財政力を示す指標としては，たとえば「財政力指数」や「経常収支比率」，「実質公債費率」などがある．「財政力指数」は，基準財政収入額を基準財政需要額で割ることで算出される値であり，単年度で算出されたものは単年度財政力指数，3 年の平均値を財政力指数という．この値が大きければ大きいほど，自前で財源を確保できる裕福な自治体と見なすことができる．「経常収支比率」は，人件費や交際費などといった経常的な出費に，一般財源がどれくらい充当されているかを示す値である．この経常収支比率が高い自治体は，独自の政策を行う余裕がなく，財政構造上の弾力性が乏しいと見なすことできる．「実質公債費率」は，自治体の収入に対する負債返済の割合を示したもので，通常，前 3 年度の平均値で示される．この値が 18%よりも高いと地方債の発行に許可が必要となり，25%以上であると地方債発行が制限されることになる．

ここでは，都道府県の財政的な余裕が耐震化を進めるうえでの鍵と考え，2011年度の単年度財政力指数を財政力を示す変数と見なして計算を行った．その結果，偏相関係数は 0.947 であった．偏相関係数の値が 1 に近いので，この結果から，「財政力の要因を考慮してもなお，両者の間には強い正の相関関係がある」といえる．

5.1.3 無相関の検定

標本から得られた相関係数 r が 0 でなかったとしても，母集団の相関係数 ρ（母相関係数）が 0 である可能性もある．そのため，$\rho = 0$ が成り立つのか検定を行う必要がある．

第 4 章において，検定には帰無仮説と対立仮説が必要であることを述べたが，それに即すと，ここでの帰無仮説 H_0 と対立仮説 H_1 は次のようになる．

$H_0 : \rho = 0$
$H_1 : \rho \neq 0$

帰無仮説 H_0 が棄却されれば，母相関係数は 0 ではないということになる．検定に用いる t 値は，相関係数を r，標本数を n とした際，次の式で求めることができる．

$$t = \frac{r \cdot \sqrt{n-2}}{\sqrt{1-r^2}}. \tag{5.3}$$

例 5.1 のデータを利用すると，t 値は 20.958 となる．自由度 45（分析に用いた道府県数 −1）で 5%水準（両側検定）の場合，t 値が 2.014 を超えるかが目安である．求められた t 値は 2.014 を大きく上回るので，帰無仮説は棄却される[2]．

5.2 単回帰分析

5.2.1 最小二乗法

相関係数の算出において，X 軸の変数と Y 軸の変数の間に因果関係が存在す

---

[2] Microsoft Excel の T.DIST.2T 関数を使って有意確率を計算すると，その値は，7.52727×10^{-25} となる．

るか否かは問われなかった．しかし，因果関係を吟味する**回帰分析 (regression analysis)** では，従属変数（結果）と独立変数（原因）を想定して分析を行うことになる．

回帰分析で最もシンプルなものは1次の線形回帰である．独立変数を x，従属変数を y とした場合，その関係は，

$$y = a + bx \tag{5.4}$$

と表現することができる．a は**定数項 (constant term)**，b は**回帰係数 (regression coefficient)** といい，この式で表現される直線は**回帰直線 (regression line)** と呼ばれる．定数項は「切片」，回帰係数は「傾き」と表現されたりもする．

それでは，どうすれば回帰式の値（定数や係数）が得られるのであろうか．回帰式の定数や係数を算出するポピュラーな方法は，**最小二乗法 (ordinary least squares (OLS) method)** である．最小二乗法は，実際に観察された従属変数 y の値（**実測値 (actual value)**）と従属変数の**予測値 (predicted value)** $\hat{y}$ の値との**残差 (residual)** である e を算出し，e の2乗値の合計を最小とする a と b を導き出すものである．言い換えると，残差平方和 $\sum_{i=1}^{n} e_i^2$ を最小化する a と b を導き出すのである（図 5.7）．独立変数が1つの場合は**単回帰分析 (single regression analysis)**，複数の場合は**重回帰分析 (multiple regression analysis)** と，区別して呼ぶ場合もある．

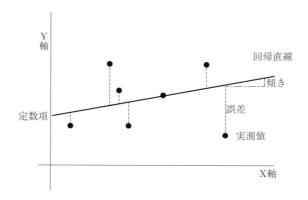

図 **5.7** 回帰式の意味

回帰係数 b は，独立変数 x が変化したときに従属変数 y がどの程度変化するかを示すもので，次の式で求めることができる．

$$b = \frac{\sum_{i=1}^{n}(x_i - \bar{x})(y_i - \bar{y})}{\sum_{i=1}^{n}(x_i - \bar{x})^2}. \tag{5.5}$$

定数項の値である a は，次式で算出できる．

$$a = \bar{y} - b\bar{x}. \tag{5.6}$$

5.2.2 決定係数

実測値 y と予測値 $\hat{y}$，そして残差 e の間には，次の関係が成り立っている．

$$\sum_{i=1}^{n}(y_i - \bar{y})^2 = \sum_{i=1}^{n}(\hat{y_i} - \bar{y})^2 + \sum_{i=1}^{n}e_i^2. \tag{5.7}$$

言葉で置き換えると，**全平方和 (total sum of squares)** は，**回帰平方和 (regression sum of squares)** と **残差平方和 (residual sum of squares)** の和である．回帰平方和は，y の変動のうち独立変数で説明できる部分と解釈でき，残差平方和は，y の変動のうち独立変数では説明できない部分と解釈できる．回帰式の当てはまり具合を示す**決定係数 (coefficient of determination, R^2)** は，この関係を用いて定義される．

$$R^2 = \frac{回帰平方和}{全平方和} = 1 - \frac{残差平方和}{全平方和}. \tag{5.8}$$

決定係数 R^2 は，独立変数が説明できる割合を示しているので，0〜1 の間の値になる．決定係数 R^2 が 1 に近いほど残差が少ないことになるので，回帰式の当てはまりはよいということになる（図 5.8）．

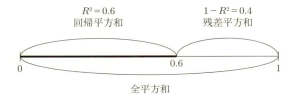

図 **5.8** 全平方和・回帰平方和・残差平方和の関係

実際の分析結果を解釈する際には，**自由度調整済み決定係数（adjusted R^2，$\bar{R}^2$）** を使うのが一般的である．決定係数 R^2 は，その定義から，説明変数が増えれば増えるほどその値が高くなるという性質をもっている．そこで，説明変数と標本数を考慮して調整を加えるのである．標本数を n，独立変数の数を p とした際，自由度調整済み決定係数 $\bar{R}^2$ は次のようになる．

$$\bar{R}^2 = 1 - \frac{\frac{\sum_{i=1}^{n} e_i^2}{n-p-1}}{\frac{\sum_{i=1}^{n}(y_i - \bar{y})^2}{n-1}}. \tag{5.9}$$

例 5.3 防災拠点の耐震化を従属変数とする回帰分析

防災拠点の耐震化率を従属変数とし，単年度財政力指数を独立変数とする回帰式をデータから導き出し，決定係数を算出しなさい．

まず，両者の関係を図 5.9 で確認したい．図中の線は，回帰直線である．この回帰直線を計算するため，数値を代入すると，次のようになる．

$$b = \frac{44.715}{1.813} = 24.668,$$
$$a = 69.321 - b \times 0.493 = 57.169,$$
$$R^2 = \frac{1103.112}{3764.919} = 0.293.$$

よって，回帰式は，

$$\text{防災拠点の耐震化率} = 57.169 + 24.668 \times \text{財政力指数}$$

であり，決定係数は 0.293 となる．決定係数は，この回帰式で説明できる従属変数の変動（分散）が約 30%であることを意味している．

5.2.3 決定係数の検定

決定係数の有意性検定は，母決定係数 ρ^2 について次の帰無仮説が成り立つのか検討を行うことである．ここでの帰無仮説 H_0 と対立仮説 H_1 は，次のとお

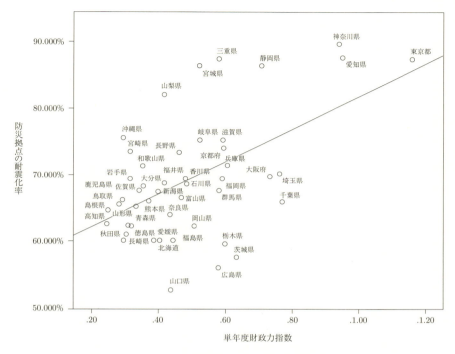

図 5.9　単年度財政力指数と防災拠点の耐震化率との関係

りである.

$H_0 : \rho^2 = 0$
$H_1 : \rho^2 \neq 0$

検定は，帰無仮説の下で **F 値 (F value)** が自由度 $(1, n-2)$ の **F 分布 (F distribution)**[3]に従うことを利用して行われる．なお，F 値は次の式で定義される．

$$F = \frac{R^2 (n-2)}{1 - R^2}. \tag{5.10}$$

---

[3] F 分布は，正規分布や t 分布と並び，統計学でよく見かける分布である．**カイ 2 乗分布 (χ^2 distribution**，第 8 章を参照）と F 分布の間には，カイ 2 乗分布に従う 2 変数の比は F 分布に従うという特徴がある．また，自由度が多ければ多いほど，F 分布の形状は正規分布に近づく．

仮に有意水準を5%水準としたとき，F値が5%の水準の棄却限界値 ($F_{.05}$) より大きければ帰無仮説が棄却され，「この回帰式は，5%水準で説明力がある」といえることになる．

5.2.4 回帰係数・定数項の検定

標本による回帰分析で得られた定数項 a や回帰係数 b が，母集団においても有意であるのか，その判定には t 検定が用いられる．母集団における回帰式を $Y = \alpha + \beta X + e$ とし，次のような帰無仮説 H_0 と対立仮説 H_1 を立てる．

$H_0 : \beta = 0$

$H_1 : \beta \neq 0$

標本による回帰分析で得られた回帰係数 b の標準誤差を SE_b とすると，次の式が成り立つ．なお，この t 値は自由度 $n-2$ の t 分布に従う．

$$t = \frac{b - \beta}{SE_b}. \tag{5.11}$$

t 検定を行った結果，帰無仮説が棄却されれば，「この回帰係数は，母集団にも当てはまる」といえることになる．

定数項も，同様の手法で検定を行うことができる．「独立変数○○が5%水準で統計的に有意」という記述がしばしば学術論文に登場するが，それはこの検定の結果を指している．

コラム（無相関の検定での留意点）

先に，母集団同士で相関関係があるのかを確認する無相関の検定について説明した．無相関の検定は，あくまでも標本調査における検定である．そのため，全数調査で得られたデータで無相関の検定を行うことは，実は意味がない．実際に論文等を執筆する際には，検定前に確認するようにしたい．

無相関の検定では，計算に用いる観測数が多ければ多いほど，「統計的に有意」という結果が得られやすくなる．そのため，「『統計的に有意』という結果が出たからよい」と満足してはならない．近年，マーケティングや政策立案にビッグデータ (**big data**) が用いられるようになっている．ビッグデータの分析に用いる標本数は万を超える．こうしたビッグデータで分析を行えば，検定はほとんど意味がない．

なお，相関係数は外れ値の影響を強く受ける．分析に用いる観測数が少ないときは，

外れ値に注意を払う必要がある．外れ値がないか，散布図を作成するなどをして確認することを心がけるようにしてほしい．

練習課題
- 「財政力の乏しい市町村ほど国政選挙で自民党が得票している」と 2000 年以降でもいえるのか．この仮説を検証するために独力でデータを集め，自民党得票率と財政変数の間で相関係数を算出するとともに，従属変数を自民党得票率，独立変数を財政変数とする単回帰分析を行ってみなさい．

レジュメ作成
- 辻中豊・R. ペッカネン・山本英弘『現代日本の自治会・町内会』(木鐸社，2009) 第 4 章を読み，社会関係資本と自治会参加の関係を相関分析からどう筆者が説明しているのか留意しながら，レジュメを作成しなさい．
- A. レイプハルト『民主主義対民主主義』(勁草書房，2005) 第 16 章を読みレジュメを作成するとともに，民主主義の質を示す変数としてほかにどのような変数があると考えられるか，検討しなさい．

6 重回帰分析

　地方自治体の予算は，さまざまな要因から成り立っている．人口構成はもちろんのこと，地域の経済環境や地方議会の構成なども予算編成に影響を与える．長の政策的な選好等も，予算という政策出力に影響を与える．小林良彰は「地方自治体をめぐる政治学」(『レヴァイアサン』第 6 号，1990) のなかで，地方自治体における予算の規定要因の因果関係を図 6.1 のような形でシンプルに示している．

　このように，矢印の元が独立変数，矢印の先が従属変数を示している図は，パス図 (path diagram) と呼ばれ，回帰式の集合体である．この図は，財政状況

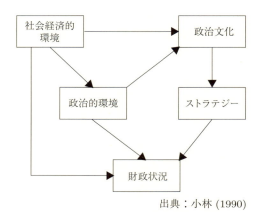

出典：小林 (1990)

図 6.1　財政状況を規定する要因

を規定する独立変数が複数あることを示唆している．

第5章では，独立変数を1つしか想定しない回帰分析（単回帰分析）について説明した．しかし，政治現象を統計的に分析しようとする場合は，独立変数を複数設定する重回帰分析が一般的である．本章では，重回帰分析を行ううえでの留意点を中心に解説する．

6.1 重回帰分析の基礎

6.1.1 定数項・回帰係数の算出方法

仮に，表 6.1 のようなデータがあったとする．

表 6.1 データセット例

ケース番号 No.	従属変数 Y	独立変数 X_1	X_2
1	Y_1	X_{11}	X_{21}
2	Y_2	X_{12}	X_{22}
3	Y_3	X_{13}	X_{23}
4	Y_4	X_{14}	X_{24}
⋮	⋮	⋮	⋮
N	Y_N	X_{1N}	X_{2N}

このデータは，次のような方程式群で表示することができる．α は定数項，β_1，β_2 は回帰係数であり，$\varepsilon_1, \varepsilon_2 \cdots \varepsilon_N$ は確率誤差を示す独立な確率変数である．

$$y_1 = \alpha + \beta_1 x_{11} + \beta_2 x_{21} + \varepsilon_1,$$
$$y_2 = \alpha + \beta_1 x_{12} + \beta_2 x_{22} + \varepsilon_2,$$
$$\vdots$$
$$y_N = \alpha + \beta_1 x_{1N} + \beta_2 x_{2N} + \varepsilon_N. \tag{6.1}$$

さらに，これらの方程式を行列で表現し直すと，次のようになる．

$$\begin{pmatrix} y_1 \\ y_2 \\ \vdots \\ y_N \end{pmatrix} = \begin{pmatrix} 1 & x_{11} & x_{21} \\ 1 & x_{12} & x_{22} \\ \vdots & \vdots & \vdots \\ 1 & x_{1N} & x_{2N} \end{pmatrix} \begin{pmatrix} \alpha \\ \beta_1 \\ \beta_2 \end{pmatrix} + \begin{pmatrix} \varepsilon_1 \\ \varepsilon_2 \\ \vdots \\ \varepsilon_N \end{pmatrix}. \tag{6.2}$$

行列を高校時代には習わなかった読者にはわかりにくいだろうが，少々我慢してお付き合い願いたい．最小二乗法で重回帰式の定数項および回帰係数を求める場合，次の行列式を解けばよい．

$$\begin{pmatrix} n & \sum x_{1i} & \sum x_{2i} \\ \sum x_{1i} & \sum x_{1i}^2 & \sum x_{1i}x_{2i} \\ \sum x_{2i} & \sum x_{2i}x_{1i} & \sum x_{2i}^2 \end{pmatrix} \begin{pmatrix} \alpha \\ \beta_1 \\ \beta_2 \end{pmatrix} = \begin{pmatrix} \sum y_i \\ \sum x_{1i}y_i \\ \sum x_{2i}y_i \end{pmatrix}. \quad (6.3)$$

重回帰式の回帰係数は，厳密にいえば，**偏回帰係数 (partial regression coefficient)** である．「偏」という冠は，偏相関係数のところですでに登場している．そこで「偏」は，「ある別の変数の影響を制御した場合」を指す意味で用いられていた．偏回帰係数でも同様であり，上記の例でいえば，β_1 は「独立変数 x_2 を一定とした条件の下，x_1 が 1 単位増減したときの従属変数 y の変化を示している」のである．言い換えると，β_1 は「x_2 の影響を差し引いたうえで，x_1 を変化させたときの，y の変化の割合」となる．

6.1.2 標準化回帰係数

重回帰式の定数項と回帰係数は，コンピュータに任せれば，容易に算出することができる．独立変数の x_1 と x_2 のどちらのほうが従属変数に与える影響が大きいか確認しよう．直感的に考えると，回帰係数は独立変数が 1 単位増えたときの従属変数の上昇分を示しているので，「係数を比較すれば，どの独立変数の影響力が大きいのかわかるのではないか」と思うかもしれないが，残念ながら話はそう単純ではない．なぜなら，重回帰分析は異なる単位の独立変数で行うのが一般的であり，係数を単純に比較することはできないのである．単位が異なる変数を比較したい場合は，第 3 章で述べたように，変数を標準化して回帰式を推計すればよい．

変数を標準化して推計された係数を**標準化回帰係数（standardized regression coefficient，β 係数**とも）という[1]．標準化回帰係数は単位問題を考慮する必要がないため，標準化回帰係数の値を比較すれば，その絶対値が大きい独立変数のほうが「相対的に影響力のある変数である」といえる．

---
[1] 変数を標準化せずに算出された回帰係数は，しばしば B 係数と呼ばれる．

なお，SPSSなどの統計解析ソフトは，回帰係数を算出する過程に付随して標準化回帰係数を算出してくれる場合が多く，実際にわざわざ計算するようなことは少ない．

例 6.1　耐震化を従属変数とし，民主党議席率を独立変数に加えた回帰分析

2009年衆議院選挙の際，民主党は無駄な公共事業を減らし，その財源を社会保障や子育て支援に回すようマニフェストで訴えた．いわゆる「コンクリートから人へ」である．公共施設の耐震化は公共事業であり，民主党が強い地域は公共事業が相対的に抑制され，耐震化が進んでいないのかもしれない．

そこで，民主党が強い地域は公共施設の耐震化が進んでいないといえるのか，例3.1に使用したデータに民主党の強さを示す変数を追加し，回帰分析を行ってみなさい．

都道府県レベルにおける民主党の強さを示す変数として用いることができるものとして，たとえば国政選挙での得票率や，党員・サポーター数の人口比などがある．ここでは，都道府県議会における民主党議員の議席率（2008年時点，政権交代前）を，民主党の強さを示す変数として用いることにしたい．なお，民主党も含めた都道府県議会議員の所属政党に関するデータは，既出のe-Statのサイトからダウンロードすることができる．

追加された都道府県議会における民主党の議席率を独立変数，防災拠点の耐震化率を従属変数とした単回帰分析をまず行った（表6.2）．この表を見ると，

表 6.2　回帰分析の結果 (1)

	回帰係数	標準誤差	標準化回帰係数	t値	有意確率
定数項	64.942	2.124		30.572	0.000
民主党議席率	0.344	0.135	0.355	2.547	0.014
決定係数 R^2	0.126				
自由度調整済み決定係数 adjusted R^2	0.107		回帰式のF値 = 6.486　回帰式の有意確率 = 0.014		
標本数 N	47				

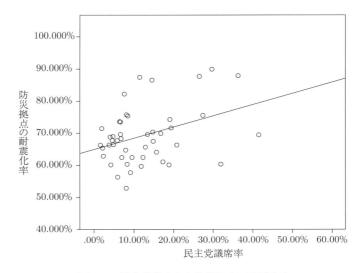

図 6.2　民主党議席率と防災拠点の耐震化率

民主党議席率の回帰係数は 0.344（標準化回帰係数は 0.355）であり，t 値および有意確率を見ると，5%水準で有意な値を示している．ここから，民主党議席率は独立変数として意味のある変数といえる．また，係数の傾きを見るとその傾きは正であり，「民主党の議席率が高い都道府県のほうが，耐震化率が進んでいる」という結果となっている（なお，決定係数は 0.126 と低く，回帰式全体の当てはまりはよいとはいえない）．この単回帰分析からいえる結果は，例 6.1 が想定したような「民主党が強い地域は公共施設の耐震化が進んでいない」ではなく，むしろ「民主党が強い地域のほうが公共施設の耐震化が進んでいる」となる．この回帰式をグラフで示したものが，図 6.2 である．

しかしながら，第 5 章でも確認したように，防災拠点の耐震化は当該都道府県の財政力と強い相関があることがわかっている．そこで，単年度財政力指数を独立変数に追加し，財政力を考慮した場合の結果を算出した（表 6.3）．単年度財政力指数を独立変数に追加した結果，決定係数は 0.126 から 0.302 へ上昇する一方で，民主党議席率の回帰係数は 0.344 から 0.107 へ減少していることが表から見て取れる．また，単年度財政力指数を制御変数として回帰式に投入すると，民主党議席率の回帰係数の値は小さくなっただけではなく，t 値が大

表 6.3 回帰分析の結果 (2)

	回帰係数	標準誤差	標準化回帰係数	t 値	有意確率
定数項	57.057	3.048		18.721	0.000
民主党議席率	0.107	0.141	0.110	0.754	0.455
単年度財政力指数	22.140	6.647	0.486	3.331	0.002
決定係数 R^2	0.302				
自由度調整済み決定係数 adjusted R^2	0.270	回帰式の F 値 = 9.519 回帰式の有意確率 = 0.000			
標本数 N	47				

幅に減少し，5%水準では有意とはいえない結果となった．さらに，標準化回帰係数を比較すると，単年度財政力指数の値は 0.486 と，民主党議席率の値である 0.110 よりかなり大きい．ここから，財政力のほうが耐震化率に強い影響を与えることがうかがえる．すなわち，表 6.3 の結果は，公共施設の耐震化は財政力に依存している側面が強く，民主党の強弱はそれを大きく左右するものではないことを示しているのである．

単回帰分析によって独立変数が有意になったからといって「よし」とはせず，他の独立変数が影響を与えていないのかについて，独立変数を追加して重回帰分析を行ってみよう．ここまでの結果から，それが大事であることに気づくであろう．

6.2 ダミー変数と回帰式

政治の統計分析に慣れてくると，質的変数を独立変数として回帰式に組み込んで分析を行いたくなる．質的変数を回帰式に組み込む 1 つの手法として，質的変数をダミー変数で表現して用いる手法がある．第 1 章で述べたように，ダミー変数は 1 か 0 をとる 2 値変数である．たとえば，性別を独立変数に加えたいとするなら，「男性」を 1，「女性」を 0 と割り振って回帰分析に用いればよい．また，学歴を回帰分析に用いたいときは，「大卒以上」を 1，「それ以外」を 0 と割り振ることでダミー変数化できる．

2 つの独立変数 x_1, x_2 のうち，x_2 がダミー変数だった場合，x_2 が 1 であった

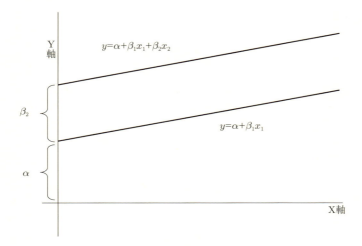

図 6.3 ダミー変数と回帰式の関係

ときの回帰式と，0 であったときの回帰式の関係は，図 6.3 のようになる．「ダミー変数 x_2 が 1 の際，切片は $\alpha + \beta_2$ となる」と理解すればよい．

例 6.2　ダミー変数を独立変数に加えた重回帰分析

東日本大震災以降，津波被害の見直しが行われるなど，将来の地震への備えが進められている．一般的に，以前より東海・東南海・南海地震への備えを訴え続けられていた太平洋岸沿岸の自治体のほうが，相対的に，公共施設の耐震化に力を入れてきたと思われる．財政力を考慮してもなお，そうしたことがいえるのか．回帰分析を行いなさい．

太平洋沿岸部のダミー変数は，すでにデータセットに入力済みであるので，表 6.3 を算出した回帰式に，太平洋沿岸部の都道府県であるか否かを示したダミー変数（太平洋沿岸ダミー）を追加投入し，回帰分析を行えばよい．

回帰分析の結果が，表 6.4 である．この結果は，太平洋沿岸ダミーの有意確率は 0.055 と，5%水準にぎりぎり届かないことを示している．

なお，先述のように 5%水準は経験的に裏打ちされた基準であり，5%水準に

表 6.4　回帰分析の結果 (3)

	回帰係数	標準誤差	標準化回帰係数	t 値	有意確率
定数項	56.542	2.936		19.080	0.000
民主党議席率	0.018	0.144	0.019	0.127	0.900
単年度財政力指数	21.934	6.438	0.481	3.407	0.001
太平洋沿岸ダミー	4.816	2.437	0.259	1.976	0.055
決定係数 R^2	0.360				
自由度調整済み決定係数 adjusted R^2	0.315	回帰式の F 値 = 8.066　回帰式の有意確率 = 0.000			
標本数 N	47				

満たないからといって紋切り型に「帰無仮説は棄却されなかった」と判断する必要はない．今回は，標本数が47と少ないことによる影響を受けている可能性もある．「5%水準と有意とはいえないが10%水準では有意であり，これは『太平洋岸の都道府県のほうが耐震化は進んでいるという傾向を示唆する結果』と見なせる」といってよい．

ダミー変数を用いれば，3値以上の質的変数を独立変数に加えることが可能になる．市町村合併を例に，質的変数をダミー変数で表現する方法を学んでおこう．「平成の大合併」を経た現在の市町村は，

① 「平成の大合併」で新設合併をしたところ
② 「平成の大合併」で編入合併をしたところ
③ 「平成の大合併」で合併しなかったところ

の3種類に分類できる．この状況は，大合併の際に「新設合併をしたか否か d_1」，「編入合併をしたか否か d_2」という2つのダミー変数をあわせ用いれば表現可能である（表6.5）．表6.5において「合併しなかった市町村」を示すダミー変数はつくられていない．それは，合併しなかった市町村が「$d_1 = 0$ かつ $d_2 = 0$」で表現できるからである．「合併しなかった市町村」のように，ダミー変数がつくられないカテゴリーは，**参照カテゴリー（基準カテゴリー）**という．

表 6.5　2つのダミー変数による3カテゴリーの表現

	d_1 新設合併をしたか否か	d_2 編入合併をしたか否か
新設合併をした市町村	1	0
編入合併をした市町村	0	1
合併しなかった市町村	0	0

6.3　多重共線性と変数選択

6.3.1　多重共線性

　重回帰分析を行う際，独立変数間の相関係数に注意を払う必要がある．独立変数間の相関が強い場合，多重共線性が発生している可能性があるからだ．多重共線性が発生していると，回帰係数の符号が本来のそれとは逆になったり，独立変数が十分有意であると考えられるはずなのに有意にならなかったりする．

　強い相関を示す独立変数が投入されているということは，ほぼ同一の変数が重複して投入されていることと同義である．ここから，多重共線性の問題を回避するには，強い相関を示している独立変数のいずれかを回帰分析からはずせばよい．第5章において，回帰分析を行う前に独立変数間の相関係数を計算しておくよう述べたのは，この多重共線性問題を回避するためである．

　相関係数を計算しなくとも，多重共線性を判断することは可能である．**分散拡大要因 (Variance Inflation Factor, VIF)** を計算することで，回帰分析からはずしたほうがよい独立変数の候補を判断することもできる．独立変数 x_j の分散拡大要因 VIF_j は，次の式で計算することができる．

$$VIF_j = \frac{1}{1 - R_j^2}. \tag{6.4}$$

R_j^2 は，x_j を従属変数とし，重回帰分析で用いた x_j 以外の独立変数を独立変数した回帰分析で算出された決定係数である．R_j^2 が大きいということは，「x_j は他の独立変数で説明できる」ことを意味しているので，「VIF_j が大きければ大きいほど多重共線性が発生している」となる．分散拡大要因の値が概ね2以上のときは，多重共線性が発生していると考えられる．覚えておくとよいだろう．

　表 6.6 は[2]，例 6.2 で用いた回帰式に多重共線性の問題が発生していないか，

---

[2] 表中の許容度とは，分散拡大要因を算出する式の分母の部分である．

表 6.6 多重共線性の確認を行った結果

	回帰係数	標準誤差	標準化回帰係数	t 値	有意確率	許容度	VIF
定数項	56.542	2.936		19.080	0.000		
民主党議席率	0.018	0.144	0.019	0.127	0.900	0.674	1.484
単年度財政力指数	21.934	6.438	0.481	3.407	0.001	0.746	1.341
太平洋沿岸ダミー	4.816	2.437	0.259	1.976	0.055	0.869	1.151
決定係数 R^2	0.360					多重共線性を判断する統計量	
自由度調整済み決定係数 adjusted R^2	0.315			回帰式の F 値 = 8.066 回帰式の有意確率 = 0.000			
標本数 N	47						

確認したものである.各独立変数の分散拡大要因が 2 を下回っていることから,例 6.2 で用いた回帰式には多重共線性の問題は発生しているとはいえない.

なお,強い相関を示す独立変数が性質的に似通っているようであれば,第 9 章で解説する主成分分析によって,それら独立変数群をもととした合成変数を作成し,それを独立変数に用いるという方法もある.

6.3.2 変数の選択

独立変数を回帰式にたくさん投入すると,式はどうしても冗長になる.研究では少ない独立変数で従属変数を説明したいので,意味のない変数を独立変数に数多く加えるのは望ましくない.また,重回帰式を使って予測を行いたい場合,統計的に有意ではない変数が数多く含まれた式で予測することは適切とはいえない.

そうしたこともあり,統計解析ソフトのなかには,アルゴリズムを用いて独立変数を選択できるものもある.アルゴリズムには,複数ある独立変数のうち基準を満たしたもののなかから 1 つずつ追加していく**変数増加法**や,すべての独立変数から基準を満たさないものを 1 つずつ減らしていく**変数減少法**,変数増加法と変数減少法を組み合わせた**ステップワイズ法**などがある[3].

---

[3] 変数を選択する基準には,F 値の変化や赤池の情報量基準 (Akaike's Information Criterion, AIC),マローズの予測基準 (Mallow's C_p) などがある.

変数選択は便利な手法であるが，研究者を目指すのであればその利用には慎重であったほうがよい．政治学では「統計的に有意でない」ことが，学問的には意味をもったりするからである．変数の選択を統計解析ソフトに任せてしまうと，「過去には統計的に有意であった政治状況を示す変数が，現在では有意ではなくなっている」，「ある国ではこの変数が有意という結果が得られたが，別の国では有意な結果は得られなかった」といった政治学的含意は汲み取れない．変数選択を安易に統計解析ソフトに任せると，「政治学の理解度が低い」と見なされかねないので注意してほしい．

6.3.3 決定係数に対する姿勢

自然科学と異なり，社会科学の分野で統計分析を行うと，決定係数が 0.3 未満となることはよくある．自然科学系・医学系の読者を意識した統計学の入門書を読むと，「決定係数が低い ≒ 使えない」という記述を見かけるが，それを真に受けてしまうと，「決定係数があまりにも低いので，学会報告できない」と頭を抱えて嘆くことになる．たしかに回帰式の決定係数が低いことは，予測の精度が低い（回帰式の当てはまりが悪い）ことを意味する．そのため，何らかの予測をするために回帰分析をしているとするならば，決定係数の低さは致命的である．しかしながら，「決定係数が高ければよい」というわけでもない．

初学者向けの統計学の授業で学生にレポートを提出させると，独立変数を 10 個も 20 個も投入して重回帰分析を行う者がしばしば現れる．回帰分析の性質上，独立変数を多く投入すればするほど，決定係数の値は 1 に近づき，回帰式の当てはまりはよくなる．ただし，そこで得られた結果は多重共線性の問題を含んだ結果である．

適切な変数選択ができるようになるためには，統計学だけを勉強するのではなく，政治学，とりわけ政治理論や制度などについての勉強にも熱心でなければならない．決定係数を上げることに血眼になるのではなく，適切な変数選択をできるようになることが，政治の統計分析では大事である．

─── コラム（非線形回帰モデル）───

　ここまでの解説は，従属変数と独立変数との関係が線形関係であることを想定していたが，従属変数と独立変数との関係が線形に近似せず，非線形と考えたほうがよい場合もある．たとえば，従属変数 y と独立変数 x の関係を次のような式で示したほうが，当てはまりがよいことがある．

$$y = \alpha x^{\beta}, \tag{6.5}$$

$$y = \alpha \beta^{x}, \tag{6.6}$$

$$y = \frac{x}{\alpha - \beta x}. \tag{6.7}$$

こうした**非線形回帰 (non-linear regression)** はより複雑な計算が必要であり，統計解析ソフトに頼るしかない場合がほとんどである．ただし，線形になるようデータを事前処理することで，対応が可能になる場合もないわけではない．たとえば，式 (6.5) は，対数をとれば以下の式 (6.8) となる．式 (6.8) をよく見ると，$\log y$ と $\log x$ を事前に計算しておけば，線形回帰と同じように取り扱うことができることに気づくだろう．

$$\log y = \log \alpha + \beta \log x. \tag{6.8}$$

　なお，次章に登場するロジスティック回帰分析も，非線形回帰分析の1つである．

練習課題

・2013 年に行われた第 23 回参議院選挙北海道選挙区の各市町村別投票率を従属変数とし，産業構造や財政環境，政治環境，当日の天気などを独立変数とする重回帰分析を行ってみなさい．

レジュメ作成

・川人貞史『選挙制度と政党システム』（木鐸社，2004）第 8 章を読み，政治資金と得票率の関係に注目しながら，レジュメを作成しなさい．
・砂原庸介『地方政府の民主主義』（有斐閣，2011）第 3 章を読み，相互作用モデルによる分析のほうが党派制モデルのそれよりも望ましいと筆者が主張する点に注目しながら，レジュメを作成しなさい．

7

ロジスティック回帰分析

　ダミー変数のような **2 値変数 (binary variable)** を従属変数として回帰分析を行ったとしても，その予測値は図 7.1 のように直線で示されることになる．図 7.1 をよく見ると，x の値が 4 を超えると従属変数の予測値は 1 以上になっていることに気づく．同様に x の値が -4 を下回ると，従属変数の予測値は 0 を下回る．従属変数の実測値は 0 か 1 なので，直感的には「予測値は 0〜1 の範囲内に収まったほうがよい」と思うが，線形回帰では致し方ない．ダミー変数を従属変数にした線形回帰を行えば，こうした不都合が生じてしまうのである．

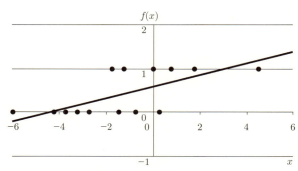

●は実測値，直線は算出された回帰直線

図 7.1　ダミー変数で回帰分析を行った際の実測値と予測値

このような不都合を克服する1つの方法として，**ロジスティック関数 (logistic function)** を利用した**ロジスティック回帰分析 (logistic regression analysis)** がある[1]．本章では，このロジスティック回帰分析について解説する．

7.1 ロジスティック回帰分析

7.1.1 ロジスティック関数

次の式は，ロジスティック関数を表現したものである．この関数を用いると，連続する x の値を，0～1の範囲をとる値に変換することができる．

$$f(x) = \frac{e^x}{1+e^x} = \frac{1}{1+e^{-x}} = \frac{1}{1+exp(-x)}. \tag{7.1}$$

たとえば，図 7.2 はロジスティック関数における x と $f(x)$ の関係をグラフ化したものである．このグラフを見ると，$f(x)$ の値は 0～1 までに収まっていることがわかる．この関数の性質を使うことが，ロジスティック回帰分析の1つのポイントである．

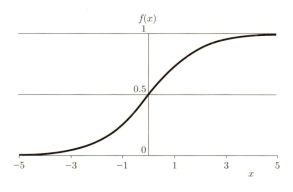

図 **7.2** ロジスティック関数

ロジスティック回帰分析を学ぶにあたって，従属変数を確率として考える点も理解のポイントの1つである．ロジスティック回帰分析では，従属変数が1

---
[1] ロジスティック回帰分析の従属変数は，**反応変数 (response variable)** と表現されたりもする．

表 7.1 オッズ比

P	$P/(1-P)$	
0.1	0.111	(1/9)
0.2	0.250	(2/8)
0.3	0.429	(3/7)
0.4	0.667	(4/6)
0.5	1.000	(5/5)
0.6	1.500	(6/4)
0.7	2.333	(7/3)
0.8	4.000	(8/2)
0.9	9.000	(9/1)

になる確率を P とおき，従属変数が 0 の確率 $1-P$ に対する**オッズ比 (odds ratio)** $\frac{P}{1-P}$ を想定する．そして，このオッズ比の対数（対数オッズ）が独立変数と線形の関係にあるとして，推定を行うのである．その推定は，既出の最小二乗法ではなく，**最尤法 (Maximum Likelihood Estimation, MLE)** を用いて行われる[2]．

対数オッズが独立変数と線形の関係にあることを式で表現すると，次のようになる．

$$\ln\left(\frac{P}{1-P}\right) = \alpha + \beta x. \tag{7.2}$$

この式を P について解くと，式 (7.3) となる．ロジスティック関数の式と形が同じであることに，すぐ気づくだろう．

$$P = \frac{1}{1 + e^{-(\alpha+\beta x)}} = \frac{1}{1 + \exp\{-(\alpha+\beta x)\}}. \tag{7.3}$$

なお 2 値変数を分析する手法には，ロジスティック関数ではなく，**プロビット関数 (probit function)**[3]を利用する**プロビット分析 (probit analysis)** もある．

---

[2] 最尤法は，与えられたデータからそれが従う確率分布の母数を推測する手法である．ただ，最尤法の計算方法を文系の初学者が理解することは容易ではない．そのため，最尤法についての説明は類書で確認してほしい．なお，ロジスティック回帰分析を行うにあたって，分析に用いる標本数は最尤法を用いることから 200 以上はあったほうがよいだろう．

[3] 正規分布の累積関数の逆関数．

7.1.2 政治行動の分析とロジスティック回帰

近年,政治行動論の分野において,ロジスティック回帰分析やプロビット分析を用いることは割とポピュラーである.日本選挙学会の年報である『選挙研究』などに一度目を通せば,そうした傾向があることに気がつくだろう.

通常,政治が行われる舞台では,常に政治的意思決定が行われ,その都度政治的アクションがある.政治的アクションの測定は,通常その行動を行うか(行ったか)否かで測定される.選挙を例とすれば,そこには「立候補をするか否か」,「候補者の情報を集めるか否か」,「投票したか否か」など,ダミー変数で表現される事象があふれている.外交の現場における,「外交交渉に参加するか否か」,「条約を結ぶ決断をするか否か」なども同様である.

ロジスティック回帰分析が政治行動の研究によく用いられるようになった背景に,ロジスティック回帰分析がパソコンレベルで容易に分析できるようになったことがあるのは間違いない.しかしそれだけではない.もともと政治行動が「その行動を行ったか否か」という2値変数で観測される場合が多いという,学問分野の事情もあるのである.

7.2 ロジスティック回帰分析の実例

それでは,ロジスティック回帰分析を実際のデータを使って行ってみることにしよう.ここでは,拙書『市町村合併をめぐる政治意識と地方選挙』(木鐸社,2010)で得たデータを用いる.分析の単位は,「平成の大合併」で合併した合併市である.なお,ここで用いるデータのリソースは,すべて公開されたものであるので,読者も容易に集めることができる.

例 7.1　ロジスティック回帰分析の実施

市町村が合併する際,その合併方式には2つの方式がある.1つの自治体に他の自治体が編入される「編入合併」と,合併することで新しい自治体を発足させる「新設合併」である.合併形態は,合併交渉枠組みのなかで最も人口の多い自治体(以降,中心自治体)の状況で決まるといわれているが,実際どうなのか.

84   第7章　ロジスティック回帰分析

　中心自治体を分析単位とするロジスティック回帰分析を行って，合併形態を規定する要因を検討してみなさい．

7.2.1　用いるデータについて

　例7.1で述べられているように，市町村の合併方式には「編入合併」と「新設合併」の2つがある．一般的に，「合併交渉枠組みのなかで，人口規模で圧倒的な大きさを誇る自治体（中心自治体）があれば，その自治体が周囲を取り込む編入合併が選択される傾向がある」といわれている．すなわち，合併形態は中心自治体の人口比が高ければ，編入合併が選択されやすい，と言い直すことができる．

　これは，実際のデータからも明確にうかがえる．図7.3は，中心自治体の人口比の分布を合併形態ごとで並べた図である．中心自治体の人口比が高い合併自治体のほうが，編入合併が選択されていることがわかる．ただし，中心自治体の人口比が90%あたりでも，新設合併を選択した合併自治体もあることから，そればかりが要因とは限らない．

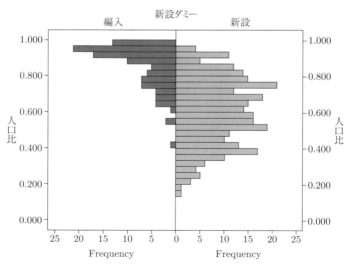

図 **7.3**　合併自治体中，人口が最大である地域（中心自治体）の人口比の分布（図3.8再掲）

そこで，それ以外の要因について検討すべく，次の2つの変数を独立変数に加え，ロジスティック回帰分析を行うことにする．まず従属変数は，新設合併を1，編入合併を0とするダミー変数（新設ダミー）とする．独立変数には中心自治体の人口比に加え，中心自治体の単年度財政力指数（2003年度）と，合併に参加した市町村数を用いる．中心自治体に財政力がなければその発言力は弱くなるだろうから，新設合併が選択されやすくなるだろうし，合併交渉に参加する自治体が多いほうが，合意を得るために中心自治体が譲歩して新設合併を選択すると予想するからである．分析に用いる標本総数は398，内訳は新設合併289，編入合併109である．

7.2.2 ロジスティック回帰分析の実施結果

表7.2は，SPSSによって算出されたロジスティック回帰分析の結果である．まず，有意確率を見ると，すべての変数で0.001以下である．ここから，これらの変数は0.1%水準でも統計的に有意であるといえる．

表 7.2 ロジスティック回帰分析の結果

	B	標準誤差	Wald	自由度	有意確率	Exp (B)
定数項	16.390	1.822	80.884	1	0.000	1.313E+07
中心自治体人口比	−14.630	1.767	68.563	1	0.000	0.000
単年度財政力指数	−4.700	0.916	26.305	1	0.000	0.009
合併市町村数	−0.422	0.087	23.628	1	0.000	0.656
−2 対数尤度	239.124					
Cox-Snell R^2	0.436					
Nagelkerke R^2	0.632					
標本数 N	398					

表中Bの値は，非標準化回帰係数を示している．中心自治体人口比をx_1，中心自治体の単年度財政力指数をx_2，合併に参加した市町村数をx_3とおいた場合，この表から対数オッズの回帰式は，

$$\ln\left(\frac{p}{1-p}\right) = 16.390 - 14.630 x_1 - 4.700 x_2 - 0.422 x_3$$

という式で表すことができる．そして，新設合併を選択する確率pは，次の式

から導き出すことができる．

$$P = \frac{1}{1+\exp\{-(16.390-14.630x_1-4.700x_2-0.422x_3)\}}.$$

この結果は，最初の予想と異なっている．符号の向きが予想とは異なっている変数がある．先に，合併に参加した市町村数が多いほうが新設合併を選択すると予想した．しかし，実際のデータを用いた分析結果では，合併に参加した市町村数が少ないほうが新設合併を選択しているとなった．それはなぜか．予想を誤ったのは，いくつかの地域拠点都市が，政令指定都市化・中核市化・特例市化を志向し，その際，周辺の市町村を数多く編入したことについて予想の段階で考慮しなかったからであろう．また郡が大同合併によって市になった事例も，分析結果に影響を及ぼしたと思われる．

初学者は，自らの予想と分析の結果が異なっていると，その事実を隠そうとする傾向にある．しかし，自然科学と異なり社会科学では予想と分析結果が異なることがしばしばある．予想と分析結果の符号が異なっていても隠すのではなく，なぜ異なったのか，検討したほうが有意義である．

7.2.3 疑似決定係数

重回帰分析の際，回帰式の当てはまりを示す統計量として決定係数があることを説明したが，ロジスティック回帰分析ではどうなのか．ロジスティック回帰分析では，独立変数を用いて最大化した対数尤度 (LL_β) と定数項のみの対数尤度 (LL_0) から，**マクファーデンの決定係数（McFadden's R^2，疑似決定係数 (pseudo R^2) とも）** 等を算出して確認する．マクファーデンの決定係数の算出式は次のとおりである．

$$R^2 = 1 - \frac{LL_\beta}{LL_0}. \tag{7.4}$$

表 7.2 中に登場する**コックス・スネルの決定係数 (Cox-Snell's R^2)** は，マクファーデンの決定係数では値が小さくなりすぎることを考慮した修正版の統計量である．ただし，コックス・スネルの決定係数の最大値が 1 にならないという欠点を抱えている．表 7.2 で，コックス・スネルの決定係数の下にある**ナーゼルカークの決定係数 (Nagelkerke's R^2)** は，最大値が 1 になるよう，コッ

クス・スネルの決定係数の欠点を修正した統計量である．値が0に近いほど当てはまりは悪く，1に近いほど当てはまりがよいという指標である．これは，回帰分析のところで説明した決定係数と同じである．

なお，表7.2のナーゼルカークの決定係数は0.632であるので，この回帰式の当てはまりは比較的よいといえる[4]．

7.3 多項ロジスティック回帰分析

7.3.1 多項ロジスティック回帰分析の考え方

書籍によっては，従属変数が2値変数の場合は**2項ロジスティック回帰分析** (binary logistic regression analysis)，従属変数が3値以上をとる場合は**多項ロジスティック回帰分析** (multi-nominal logistic regression analysis) と区別される場合もある．このことは，「カテゴリーが3つ以上の質的変数であってもダミー変数に置き換えることができるので，ロジスティック回帰分析を用いることができる」ことを示唆している．言い換えると，2項ロジスティック回帰分析は，「多項ロジスティック回帰分析のなかで，従属変数が2値であるものを指す」ということができる．

従属変数が3カテゴリーをとる場合について，投票行動を例に考えてみる．選挙において有権者は3つの選択肢をもつ．「与党に投票するか」，「野党に投票するか」，「棄権するか」である．与党に投票する確率を p_0，野党に投票する確率を p_1，棄権する確率を p_2 とし，独立変数を x とすると，このロジスティック回帰分析の回帰式は次の2式で表現される．

$$\ln\left(\frac{p_1}{p_0}\right) = \alpha_1 + \beta_1 x,$$
$$\ln\left(\frac{p_2}{p_0}\right) = \alpha_2 + \beta_2 x. \tag{7.5}$$

これは，与党への投票を参照カテゴリーとし，与党投票と野党投票，与党投票と棄権を比較した場合の対数オッズを同時に推定していることを示している．

---

[4] 表中の -2 対数尤度（尤度比統計量）も回帰式の当てはまりを示す統計量であるが，文系の初学者が理解することはやや難しい．ロジスティック回帰分析に慣れてきたら，類書で確認してほしい．

表 7.3 多項ロジスティック回帰分析の分析例

民主党への投票

	B	標準誤差	Wald	自由度	有意確率
切片	−4.487	1.596	7.907	1	0.005
兼業ダミー	0.216	0.531	0.166	1	0.684
作付規模	0.052	0.223	0.054	1	0.815
年収	0.174	0.216	0.647	1	0.421
戸別所得補償への期待	−0.358	0.234	2.349	1	0.125
是々非々志向	−1.325	0.521	6.463	1	0.011
民主党への感情温度	0.115	0.022	27.499	1	0.000
自民党農政への感情	−0.850	0.307	7.678	1	0.006
疑似決定係数					
Cox & Snell	.422				
Nagelkerke	.484				

自民党への投票

	B	標準誤差	Wald	自由度	有意確率
切片	0.172	0.931	0.034	1	0.854
兼業ダミー	0.353	0.411	0.740	1	0.390
作付規模	0.183	0.172	1.135	1	0.287
年収	0.329	0.163	4.076	1	0.043
戸別所得補償への期待	−0.026	0.166	0.024	1	0.877
是々非々志向	−0.687	0.402	2.920	1	0.087
民主党への感情温度	−0.010	0.011	0.840	1	0.359
自民党農政への感情	0.299	0.221	1.830	1	0.176

※基準は，みんなの党・たちあがれ日本への投票
出典：河村 (2011)

表 7.3 は，筆者が，河村 (2011) で行った多項ロジスティック回帰分析の結果である．この分析では，従属変数が「自民党への投票」，「民主党への投票」，「みんなの党・たちあがれ日本への投票」の 3 値であり，参照カテゴリーを「みんなの党・たちあがれ日本への投票」とし，第 3 極と呼ばれる政治勢力へ投票した有権者（農業従事者）の投票行動を分析している．従属変数が 3 値であるため，分析結果は「民主－みんな・たちあがれ」，「自民－みんな・たちあがれ」の 2 つの表で表現されている．

多項ロジスティック回帰分析を行う際，参照カテゴリーをどれにするかが，非

常に重要となる．何を知りたいかという分析者自身の問題関心と連動するからである．表7.3は，第3極に投票した者の特徴を把握することに注目したため，みんなの党・たちあがれ日本への投票を参照カテゴリーとしている．

7.3.2 順序ロジスティック回帰分析

重要争点（たとえば憲法改正や増税など）に対する賛否を，「賛成」，「どちらとも言えない」，「反対」の3点尺度で測定し，それを従属変数として分析したいということがある．賛成する者と反対する者の特徴それぞれを分析したいのであれば，「どちらとも言えない」を参照カテゴリーとする多項ロジスティック回帰分析を行えばよい．しかし，これでは全体の傾向を確認することは難しい．

従属変数が順序尺度の場合には，ロジスティック回帰分析のバリエーションである **順序ロジスティック回帰分析 (ordinal logistic regression analysis)** を行うという手もある．ある政策に賛成する確率を p_0，どちらでもないとする確率を p_1，反対する確率を p_2 とし，独立変数を x とした場合，順序ロジスティック回帰分析で推計に用いる式は，次のとおりとなる．

$$\ln\left(\frac{p_1}{1-p_1}\right) = \alpha_1 + \beta_1 x,$$

$$\ln\left(\frac{p_2}{1-p_2}\right) = \alpha_2 + \beta_1 x. \tag{7.6}$$

多項ロジスティック回帰分析では，回帰係数は回帰式ごとに異なると仮定される．順序ロジスティック回帰分析では，独立変数の回帰係数は各式同じであるのが特徴である．

なお，順序ロジスティック回帰を行った先行研究は，政治学の分野ではほとんど見かけない．順序ロジスティック回帰分析よりも重回帰分析を使ったほうが，実用的で解釈しやすい場合が多いことが理由の1つである．

―――――― コラム（交互作用効果）――――――
自宅のパソコンから投票ができるネット投票解禁への賛否（賛成を1とするダミー変数）を y とし，年代（40歳代よりも若ければ1とするダミー変数）を x_1，政治関心の有無（政治的関心があれば1とするダミー変数）を x_2 とおく．ネット投票解禁賛成の確率を p とし，x_1 と x_2 を独立変数とするロジスティック回帰分析を行おうとすると，

これまでの話に従えば推定する式は次のようになる．

$$\ln\left(\frac{P}{1-P}\right) = \alpha + \beta_1 x_1 + \beta_2 x_2. \tag{7.7}$$

ただ，直感的には「若くて」かつ「政治に関心がある者」ほど，ネット投票解禁に強い賛成を示すと思われる．それを評価するには，どうしたらよいだろうか．

独立変数同士の効果が組み合わさる可能性がある場合，交互作用変数を作成し評価する方法がある．交互作用変数は**交互作用効果 (interaction effect)** を測定する変数であり，ある変数とある変数の積で表現される．

$$\ln\left(\frac{P}{1-P}\right) = \alpha + \beta_1 x_1 + \beta_2 x_2 + \beta_3 x_1 x_2. \tag{7.8}$$

式 (7.8) は，式 (7.7) に交互作用変数を加えたものである．x_1 と x_2 がダミー変数であるので，交互作用効果 β_3 は双方とも 1 のときにだけ生じる効果と言い換えることもできる．β_3 に対し，β_1 と β_2 は，**主効果 (main effect)** と呼ばれる．

交互作用効果を意識することは大事ではある．ただし，そちらに意識がいきすぎると回帰式は複雑になり，分析結果を説明することが難しくなる．交互作用効果に重要な意味を見い出せないのなら，シンプルに主効果だけで分析し，報告を行ったほうがよい．

練習課題
・近年，自治基本条例を制定する市町村が増えている．自治基本条例を制定したところにはどのような特徴があると思われるか．自治基本条例制定の有無を従属変数とし，財政環境や政治環境を独立変数とするロジスティック回帰分析を行いなさい．なお，分析の単位は市とする．

レジュメ作成
・今井亮佑・日野愛郎『「二次的選挙」としての参院選』(『選挙研究』第 27 巻 2 号，2011) を読み，「二次的選挙」をどう変数化しているかを意識しながら，レジュメを作成しなさい．
・増山幹高『小選挙区比例代表並立制と二大政党制』(『レヴァイアサン』第 52 号，2013) を読み，当選のロジスティック推定の結果から何が読み取れるのかに注目しながら，レジュメを作成しなさい．

8

クロス集計と連関係数

　世論調査の後，まず行うのが単純集計である．世論調査の質問項目は基本的に質的なものであるから，単純集計は度数として表されることになる．ただ，世論調査は単純集計を出すためだけに利用されているわけではない．**クロス表 (cross tabulation)** を作成する（「クロス集計を行う」とも表現される）ことで，質的変数間の関連性の検討にも用いられる．「政党支持なし層[1]は今回の選挙でどの政党に投票したのか」，「脱原発に賛成している有権者はどんな属性をもっているのか」，世論調査で得られたデータをクロス集計することで，こうした疑問を吟味するのである．

　近年，コンピュータの演算能力の向上や統計解析ソフトの普及等もあり，より高度な多変量解析を簡単に行えるようになった．そのため，クロス集計をなおざりにして世論調査データを扱う研究者（の卵）も見受けられる．しかしながら，三宅一郎『政党支持の分析』（創文社，1985）などを読めばわかるように，クロス集計は質的変数を分析する際の「一丁目一番地」である．

　初学者から中級，そして上級とステップアップしても，クロス集計が質的変数を分析する基本であることを忘れてはならない．

---

[1] 政党支持をもたない有権者はしばしば「無党派層」とも表現されるが，政党支持をもたない理由はさまざまであり，彼らに党派性があると言い難いので，「政党支持なし層」と表現するほうがより中立的である．

8.1 クロス表

クロス表という呼び名が広く知られているが，2変数によるクロス表は $I \times J$ **分割表**と表現される場合もあり，クロス集計によって総観測数が $I \times J$ のセルに分割されていることを指す．ここでの I および J は，クロス集計に用いる質的変数のカテゴリーの数を示しており，I は行（表側）のカテゴリーの数，J は列（表頭）のカテゴリーの数とする．また f_{ij} は，i 行 j 列の**観測度数 (observed frequency)** を指す（表 8.1）．

表 8.1 クロス表の一般的な形

		表 頭				
		1	2	3	⋯ J	計
表側	1	f_{11}	f_{12}	f_{13}	⋯ f_{1J}	$f_{1\cdot}$
	2	f_{21}	f_{22}	f_{23}	⋯ f_{2J}	$f_{2\cdot}$
	3	f_{31}	f_{32}	f_{33}	⋯ f_{3J}	$f_{3\cdot}$
	⋮	⋮	⋮	⋮	⋮	⋮
	I	f_{I1}	f_{I2}	f_{I3}	⋯ f_{IJ}	$f_{I\cdot}$
	計	$f_{\cdot 1}$	$f_{\cdot 2}$	$f_{\cdot 3}$	⋯ $f_{\cdot J}$	N

クロス集計では，それぞれの**セル (cell)** の度数が明らかになり，また，行および列の周辺度数（合計の度数）もわかる．それらがわかることから，行% $\frac{f_{ij}}{f_{i\cdot}}$，列% $\frac{f_{ij}}{f_{\cdot j}}$，全体% $\frac{f_{ij}}{N}$ も知ることができる．世論調査のデータを用いたクロス集計では度数は記述せず，行%（ないしは列%）だけを記述しただけで済ませてしまうことが少なくない．標本調査の度数よりも，母集団の比率に関心があるからである．また学術論文では，クロス表内に全体%を書き込むことはほとんどない．セル内の情報量を多くすると，かえって理解しづらくなるといったマイナス面があるためだ．

例 8.1 クロス集計の実施

第1章で見たように，手続きを踏むことでデータを借り受けることができるデータアーカイブがいくつかある．いずれかのアーカイブに利用申請をし，そこから借り受けたデータを用いてクロス集計を行ってみなさい．

表 8.2 クロス集計の例

		自治体の震災仕事満足				合 計
		満足している	どちらかといえば満足である	どちらかといえば不満である	不満である	
年代	20代	7 5.7%	58 47.2%	45 36.6%	13 10.6%	123 100.0%
	30代	13 6.4%	72 35.5%	90 44.3%	28 13.8%	203 100.0%
	40代	9 4.0%	79 35.3%	93 41.5%	43 19.2%	224 100.0%
	50代	5 1.8%	81 29.1%	146 52.5%	46 16.5%	278 100.0%
	60代	8 2.8%	94 32.9%	137 47.9%	47 16.4%	286 100.0%
	70代以上	9 5.1%	65 36.7%	82 46.3%	21 11.9%	177 100.0%
合 計		51 4.0%	449 34.8%	593 45.9%	198 15.3%	1291 100.0%

東日本大震災後，筆者は立教大学社会学部と共同で，複数の意識調査を宮城県内で行った．これらの調査データは手続きを踏めば，「立教大学データアーカイブ RUDA[2]」より借り受けることができる．それらの調査のうち，2012 年度に仙台市北燐の自治体の住民に対して行った「生活と防災についての意識調査（仙北調査 2012）[3]」のデータを用い，クロス集計を行ってみることにする．

表 8.2 は，いくつもの変数のなかから「年代」と「自治体（宮城県および居住市町村）の震災対応に対する評価」を選び，両変数でクロス集計を行った結果である．セルの上段が度数，下段が行％を示している．

クロス集計を行うにあたって大事なのは，セルの情報からどのような特徴があるかを見抜くことである．表 8.2 を見て，多くの読者が，地方自治体の震災対応に相対的に満足していないのが 50 代であることに気づくだろう．「習うより慣れろ」という言葉がある．さまざまなデータに触れ，クロス集計を何度も繰り返していくことで経験値を高めたほうが，理解は進みやすい．

「地方自治体の震災対応に相対的に満足していないのが 50 代」という判断の

---

[2] RUDA (https://ruda.rikkyo.ac.jp/dspace/)
[3] 調査の概要については，生活と防災についての意識調査 (http://www2.rikkyo.ac.jp/web/murase/s11/12sokuho1kai.htm) を参照．

表 8.3 表 8.2 の期待度数

		自治体の震災仕事満足				合　計
		満足している	どちらかといえば満足である	どちらかといえば不満である	不満である	
年代	20代	4.9 4.0%	42.8 34.8%	56.5 45.9%	18.9 15.4%	123.0 100.0%
	30代	8.0 4.0%	70.6 34.8%	93.2 45.9%	31.1 15.4%	203.0 100.0%
	40代	8.8 4.0%	77.9 34.8%	102.9 45.9%	34.4 15.4%	224.0 100.0%
	50代	11.0 4.0%	96.7 34.8%	127.7 45.9%	42.6 15.4%	278.0 100.0%
	60代	11.3 4.0%	99.5 34.8%	131.4 45.9%	43.9 15.4%	286.0 100.0%
	70代以上	7.0 4.0%	61.6 34.8%	81.3 45.9%	27.1 15.4%	177.0 100.0%
合　計		51.0 4.0%	449.0 34.8%	593.0 45.9%	198.0 15.3%	1291.0 100.0%

背景には，年代ごとで震災対応の評価は違わないはず，という仮定がある．もし，年代と震災対応の評価の間が独立（無関係）であれば，50代の回答の比率は他の年代のそれと大差がないはずである．

独立な状態でのセル度数のことを**期待度数 (expected frequency)** といい，期待度数の推定値 $\widehat{F}_{ij}$ は次の式で求めることができる．

$$\widehat{F}_{ij} = \frac{f_{i\cdot} \times f_{\cdot j}}{N}. \tag{8.1}$$

期待度数と観測度数の乖離が大きい場合，2つの変数の間に関係があることが疑われる．表 8.3 は，表 8.2 の期待度数を示したものであり，50代で期待度数と観測度数の間に隔たりがあることが確認できる．たとえば，50代で自治体の震災対応にどちらかといえば不満であるという者の期待度数は 127.7 であるが，観測度数は 146 である．

期待度数と観測度数の乖離を数値化したものとして，**カイ 2 乗値**（χ^2 値，χ^2 **value**）がある．カイ 2 乗値は，式(8.2) で算出される[4]．

---

[4] この式はピアソンのカイ 2 乗値を算出するための計算式であり，尤度比のカイ 2 乗値もある．尤度比のカイ 2 乗値については本書では扱わない．

$$\chi^2 = \sum_{i=1}^{I} \sum_{j=1}^{J} \frac{\left(f_{ij} - \widehat{F}_{ij}\right)^2}{\widehat{F}_{ij}}. \tag{8.2}$$

カイ 2 乗値が 0 であれば 2 つの間の変数には関係がないといえ，0 より大きな値をとれば関連性があるとなる．ただし，式を見ればわかるように，カイ 2 乗値の最大値は，N が大きければ大きいほど，用いたカテゴリーの数が多ければ多いほど大きくなるので，留意が必要である．クロス集計の独立性の検定は，このカイ 2 乗値を検定統計量として用いて行われる．

8.2 関連性を示す統計量

量的変数同士の関係性を示す統計量として，ピアソンの積率相関係数があることを第 5 章で学んだ．同様に，質的変数同士の関連性を表す統計量（**連関係数 (coefficient of association)**）も存在する．ここでは，質的変数間の関連性を示す統計量のうちのいくつかを紹介する．

8.2.1 クラメールの V

クラメールの V（Cramer's V，クラメールの連関係数 (Cramer's coefficient of association)）は，$I \times J$ 分割表における 2 つの変数間の関連性を示す統計量であり，値は 0～1 をとる．値が 0 であれば両変数の関係は独立（無関係）であり，1 に近ければ関連性があるとなる．

クラメールの V は，名義尺度同士の変数の関連性を知りたいときや，一方が名義尺度の変数でもう一方が順序尺度の変数の関連性を知りたいときに，よく用いられる．たとえば，居住形態（持ち家，借家，それ以外）によって，町内会への参加状況（よく参加する，たまに参加する，参加しない）に違いがあるのかを確認したいとき，クロス集計を行い，クラメールの V を算出すればよい．

クラメールの V の計算式は，次のとおりである．式中の m は $\min(I, J)$ であり，I と J のどちらか値の小さい値である．

$$\text{クラメールの } V = \sqrt{\frac{\chi^2}{N(m-1)}}. \tag{8.3}$$

式に基づき，表 8.2 のクロス集計の結果からクラメールの V の値を算出すると，

その値は 0.088 である.

8.2.2 ユールの $Q \cdot \varphi$ 係数

両変数のカテゴリーが 2 の場合（2×2 分割表となる場合），その関係性の測定には，**ユールの Q**（Yule's Q，ユールの連関係数 (Yule's coefficient of association)）や **φ 係数**（φ coefficient，四分点相関係数とも）を用いる．たとえば，政党支持の有無（あり，なし）に性差（男性，女性）があるかを確認するような場合，クロス集計を行い算出すればよい．ユールの Q および φ 係数の計算式は次の通りである．

$$\text{ユールの } Q = \frac{f_{11} \times f_{22} - f_{12} \times f_{21}}{f_{11} \times f_{22} + f_{12} \times f_{21}}, \tag{8.4}$$

$$\varphi = \frac{f_{11} \times f_{22} - f_{12} \times f_{21}}{\sqrt{(f_{11}+f_{12})(f_{21}+f_{22})(f_{11}+f_{21})(f_{12}+f_{22})}}. \tag{8.5}$$

政治学では，概念として 2×2 の図を用いることが多い．ただ，筆者の経験の限りでは，実証分析レベルで 2×2 のクロス表を作成し，ユールの Q および φ 係数を算出することは少ない[5]．質的変数を用いた政治の統計分析では，程度を扱うことが多いからである．たとえば，憲法改正に対する姿勢を聞くような場合，単純に賛成か反対かを聞くのではなく，賛成であっても積極的に賛成しているのか，それとも消極的な賛成に留まっているのか，その程度を聞こうとするし，憲法改正反対であっても，改憲の議論をすること自体に反対するのか，それとも議論自体は許容するのか，といった程度の違いを政治学者は知りたがる．また，2×2 のクロス表にするためにカテゴリーを統合することは，せっかく得られた「程度」に関する情報を失うことにもなる．これらの指標をあまり見かけないのは，そうした事情があるからである．

表 8.4 2×2 分割表

	1	2	計
1	f_{11}	f_{12}	$f_{1\cdot}$
2	f_{21}	f_{22}	$f_{2\cdot}$
計	$f_{\cdot 1}$	$f_{\cdot 2}$	N

---

[5] 2×2 分割表でのクラメールの V の値は，φ 係数の値と一致する．

8.2.3 ケンドールの τ_b ・スチュアートの τ_c

順序尺度同士の関連性を示す統計量としてケンドールの τ_b (Kendall's τ_b)，スチュアートの τ_c (Stuart's τ_c)，ソマーズの d (Somers'd) などがある[6]。

これらの統計量を説明する前にまず，その算出に利用する，**同方向の対（concordant pairs，順対とも）**，**逆方向の対（discordant pairs，逆対とも）**について，説明することにする．クロス表内のセル (x_i, y_j) と $(x_{i'}, y_{j'})$ を比べたとき，同方向の対とは $i < i'$ かつ $j < j'$ が成り立っているもの，逆方向の対とは $i < i'$ かつ $j > j'$ が成り立っているものである．表 8.5 のような 3×3 分割表の分割表があったとすると，たとえば，f_{11} と $\{f_{22}, f_{32}, f_{23}, f_{33}\}$ が順方向の対であり，f_{13} と $\{f_{21}, f_{22}, f_{31}, f_{32}\}$ が逆方向の対である．

表 8.5　3×3 分割表

		\multicolumn{3}{c}{y}	
		1	2	3	計
	1	f_{11}	f_{12}	f_{13}	$f_{1\cdot}$
x	2	f_{21}	f_{22}	f_{23}	$f_{2\cdot}$
	3	f_{31}	f_{32}	f_{33}	$f_{3\cdot}$
	計	$f_{\cdot 1}$	$f_{\cdot 2}$	$f_{\cdot 3}$	N

ケンドールの τ_b などの計算にあたっては，同方向の対の総数 n_s と逆方向の対の総数 n_d を用いる．表 8.5 を例にすると，それぞれの計算式は次のとおりである．

$$n_s = f_{11} \times (f_{22} + f_{32} + f_{23} + f_{33}) + f_{12} \times (f_{23} + f_{33})$$
$$+ f_{21} \times (f_{32} + f_{33}) + f_{23} \times f_{33}, \tag{8.6}$$
$$n_d = f_{13} \times (f_{21} + f_{22} + f_{31} + f_{32}) + f_{12} \times (f_{21} + f_{31})$$
$$+ f_{23} \times (f_{31} + f_{32}) + f_{22} \times f_{31}. \tag{8.7}$$

---

[6] 統計学の教科書では，ケンドールの τ_b などの説明の前に，グッドマン・クラスカルの γ (Goodman-Kruskar's γ) を説明するものが多いが，政治学分野での報告では見かける機会が少ないので，ここでは割愛する．なお算出式は，下記のとおりである（n_s, n_d は本文を参照）．

$$\gamma = \frac{n_s - n_d}{n_s + n_d}.$$

ケンドールの τ_b の計算式は，次のとおりである．

$$\text{ケンドールの}\tau_b = \frac{n_s - n_d}{\sqrt{n_s + n_d + T_r}\sqrt{n_s + n_d + T_c}}. \tag{8.8}$$

式中の T_r は行の同順位の対の総数，T_c は列の同順位の対の総数である．表 8.5 を例にすれば次のようになる．

$$\begin{aligned} T_r &= f_{11}(f_{12}+f_{13}) + (f_{12}\times f_{13}) + f_{21}(f_{22}+f_{23}) \\ &\quad + (f_{22}\times f_{23}) + f_{31}(f_{32}+f_{33}) + (f_{32}\times f_{33}), \end{aligned} \tag{8.9}$$

$$\begin{aligned} T_c &= f_{11}(f_{21}+f_{31}) + (f_{21}\times f_{31}) + f_{12}(f_{22}+f_{32}) \\ &\quad + (f_{22}\times f_{32}) + f_{13}(f_{23}+f_{33}) + (f_{23}\times f_{33}). \end{aligned} \tag{8.10}$$

スチュアートの τ_c の計算式は次のとおりである．式中の m は，クラメールの V の計算式と同様，$\min(I,J)$ を示す．

$$\text{スチュアートの}\tau_c = \frac{2m(n_s - n_d)}{N^2(m-1)}. \tag{8.11}$$

ソマーズの d は，表側の変数と表頭の変数のどちらを従属変数とするかで，計算式が異なる．

$$\text{列変数 } y \text{ を従属変数とするソマーズの } d_{yx} = \frac{n_s - n_d}{n_s + n_d + T_c}, \tag{8.12}$$

$$\text{行変数 } x \text{ を従属変数とするソマーズの } d_{xy} = \frac{n_s - n_d}{n_s + n_d + T_r}. \tag{8.13}$$

ケンドールの τ_b，スチュアートの τ_c，そしてソマーズの d は，ピアソンの積率相関係数同様，$-1\sim 1$ の値をとる．絶対値 1 に近ければ近いほど両変数の関連性は強いといえ，0 であれば独立となる．

ところで，ケンドールの τ_b，スチュアートの τ_c，そしてソマーズの d をどう使い分けたらよいのであろう．一般的には，表 8.2 のように表側の変数と表頭の変数の間が，一方が従属変数でもう一方が独立変数であるとわかるような場合はソマーズの d を用いるのがよい．そうでなければケンドールの τ_b，もしくは，スチュアートの τ_c を用いればよい．ケンドールの τ_b とスチュアートの τ_c の使

い分けは,表側の変数と表頭の変数のカテゴリーの数が同じならばケンドールの τ_b を,異なるならばスチュアートの τ_c を用いればよい.

8.2.4 実際の計算

表 8.6 は,前出の仙北調査 2012 のデータにある「国の震災対応に対する評価」に関する回答と,「地方自治体の震災対応に対する評価」に関する回答のクロス集計結果である.この場合,両変数のどちらを従属変数と判断するかが難しく,両変数のカテゴリー数が同じなのでケンドールの τ_b を用いればよい.もちろん,スチュアートの τ_c もソマーズの d も計算することは可能である.

表 8.6 国の震災対応に対する評価と地方自治体の震災対応に対する評価のクロス表

		自治体の震災仕事満足				合計
		満足している	どちらかといえば満足である	どちらかといえば不満である	不満である	
国の震災仕事満足	満足している	14	5	3	1	23
	どちらかといえば満足である	18	173	15	4	210
	どちらかといえば不満である	11	206	418	17	652
	不満である	9	71	161	180	421
合計		52	455	597	202	1306

表 8.6 の値から計算を行ってみると,ケンドールの τ_b は 0.509,スチュアートの τ_c は 0.429,そしてソマーズの d は 0.500(国の震災対応を従属変数としたとき),0.519(地方自治体の震災対応を従属変数としたとき)となる.

8.3 カイ 2 乗検定による独立性の検定

8.3.1 カイ 2 乗検定

すでに指摘したように,世論調査は原則,標本調査である.そのため,世論調査のデータで 2 つの変数の間に関連性があるように見えても,母集団でもそうであるとは必ずしもいえない.そこで,量的変数同士のときと同様,母集団

でも関連性があるといえるのか，検定を行う必要がある．

クロス集計での独立性の検定は，カイ2乗値を用いて行われるためカイ2乗検定と呼ばれる．カイ2乗検定は，2つの質的変数が独立であれば漸近的に自由度 $(I-1)(J-1)$ のカイ2乗分布（図8.1）に近似することを利用した検定である．カイ2乗検定における帰無仮説 H_0 と対立仮説 H_1 は，次のようになる．

H_0：母集団における2つの質的変数は独立である．
H_1：母集団における2つの質的変数は独立ではない．

第4章でも述べたように，検定は，検定を行う者が有意水準を定め，計算によって導き出された有意確率がこの有意水準を下回るかを確認することで行われる．有意確率が有意水準を下回れば H_0 は棄却され，母集団でも両変数は関係があるということになる[7]．

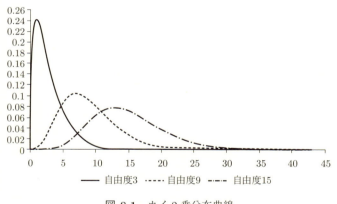

図 **8.1**　カイ2乗分布曲線

表8.6でカイ2乗検定を行うと，カイ2乗値は814.992，有意確率は0.001未満という結果が得られる．有意確率が有意水準を大きく下回っていることから，H_0 は棄却され，両変数は母集団レベルでも有意であるといえる．

---

[7] ここで，一般的な統計学の教科書は，カイ2乗値を計算させ，巻末のカイ2乗分布表と比較させた練習問題を出すことが多いが，現実を考えると，カイ2乗値および有意確率の計算はコンピュータに任せてしまったほうが，初学者にとって安全である．

8.3.2 カイ2乗検定での留意点

第8.3.1項では，何も考えずに表8.6の数値を用いてカイ2乗検定を行ってみた．しかし，カイ2乗検定を行うには「クロス表の各セルの期待度数の推定値が5を超えるべき」といわれている[8]．理由は，期待値が小さすぎるとカイ2乗分布に近似しないからである．そのため，期待度数の予測値が5未満のセルが多ければ，カイ2乗検定をあきらめるか，カテゴリーを統合し，値が5未満となるセル数を減らす必要がある．ただし，カテゴリーの統合を安易に行うのは，仮説を検証するうえで望ましくないので，気をつけてほしい．統合する妥当性がないと，それは恣意的な検証になってしまうからである．また，セルの期待度数を5以上にする必要があるとわかれば，カイ2乗検定を小規模標本調査で行うことは難しいことに容易に気づくだろう[9]．

世論調査データでは，カテゴリーに「その他」や「わからない」が含まれている場合が多い．世論調査データでは，それらを欠損値処理してクロス集計を行い，カイ2乗検定を行うことがしばしばある．

8.4 多重クロス表

第5章の偏相関係数を説明したところを思い出してほしい．「変数 x と変数 y の相関係数の値が変数 z の影響を受けた結果，強い相関を示す値になっている場合もあるので，z で説明できる部分を取り除いて x と y の関係を検討する必要がある」という話があったはずだ．第5章では量的変数同士であったが，質的変数同士でも同様である．3つの質的変数の関係が疑似関係であるのかを検討するには，クロス表を重ねればよい．すなわち，**3重クロス表 (triple cross tabulation)** を作成すればよいのである[10]．

政治現象は複数の要因が絡み合っている場合が多い．そのため，十分な標本数

---

[8] すべてのセルが5以上でなければならないと，機械的に考える必要はない．たとえば，柳井・緒方 (2006) は，度数が5未満のセルがあるようなら，**フィッシャーの正確検定 (Fisher's exact test)** をし，妥当性を確認すればよいと述べている．

[9] 太郎丸 (2005) は，ウィケンズ (T. D. Wickens) が「χ^2 検定を行う条件の1つとして，標本数はセル数の少なくとも4，5倍必要」という条件を述べていることを紹介している．

[10] 第3の変数を加えてコントロールされたクロス表を **1次の表 (first-order table)**，第3の変数を加えていないクロス表を **0次の表 (zero-order table)** といったりもする．

があるデータを用いれば，いくつも変数をかけあわせた**多重クロス表 (multiple cross tabulation)** を作成することも不可能ではない．ただし，いくつも変数をかけあわせると，値が0となるセルが生じる確率が高まる．また，多重クロス表は見にくくわかりにくい．そういった欠点をもつため，多重クロス表の扱いには注意が必要である．

コラム（対数線形モデル）

　実際に経験してみればわかることだが，3重クロス表まではある程度理解できる．しかしながらそれ以上の変数を用いたクロス表となると，その結果を読み解くことは上級者であってもきわめて困難である．また，カイ2乗検定は全体的な傾向について検定を可能とするが，セル数が多い多重クロス表では無力である．

　多重クロス表における質的変数間の関連性を系統的に把握したいのであれば，**対数線形モデル (log linear model)** を用いてみるとよい．対数線形モデルは，ある調査対象者（政治の統計分析では，世論調査回答者）が「一定のセルに属する確率の対数を複数の要因の線形結合で表現したモデル（柳井・緒方，2006）」である．政治の統計分析に慣れて大規模標本調査のデータを借り受けることができたら，一度挑戦してみるとよいだろう．

練習課題

・あなたの指導教員から過去に行われた世論調査データを借り受け（難しい場合はSSJDAなどのデータアーカイブに利用申請し借り受けること），政治意識に関する変数と性別・年齢といった社会的属性変数の間でクロス集計を行いなさい．連関係数もあわせて算出しなさい．

レジュメ作成

・A. ルピア & M. D. マカビンズ『民主制のディレンマ（改訂版）』（木鐸社，2013）第9章を読み，クロス集計でどのようなことが指摘されているのか，理解できるようレジュメを作成し，政治学における実験的手法の意義について考えなさい．

・浅野正彦『市民社会における制度改革』（慶應義塾大学出版会，2006）第3章を読み，浅野が分析した時代の自民党候補者の公認傾向を確認しながらレジュメを作成し，現在の公認傾向との相違について検討しなさい．

9 主成分分析

「都市化が進んだ地域ほど,投票率が低い」という仮説を統計的に検証しようとしたとき,ある問題が浮上する.それは「『都市化』をどう具体的な数値で表すのか」という問題である.

1つの方法は,市を「都市」,町村を「田舎」と見なす方法である.ただし,戦後2回の大合併(「昭和の大合併」と「平成の大合併」)と,産業構造の変化等の影響で,そのように見なすことは今日では不可能である.たとえば,かつて炭鉱で栄えた市のなかには人口が1万人を切った市もある.そういう事例を知っていれば,「市」を都市と呼ぶのは困難だということはわかるだろう.人口集中地区人口比(DID 人口比[1])が高い市町村を「都市」と見なすこともできる.ただし,この考えも,「通勤圏の拡大等にともなって大都市圏の中心部人口が減少する」いわゆるドーナツ化現象が発生しているところがあるため,若干都合が悪い.中心部には住民がいないからである.

統計分析のなかには,さまざまな変数を合成していくつかの変数にまとめる手法がある.その1つの手法として挙げられるのが,**主成分分析 (principal component analysis)** である.1つの変数で都市化を表現するのではなく,さまざまな都市的要素からなる合成変数を主成分分析によって作成することで,「都市化」を数値で示すのである.実際,小林良彰は『計量政治学』(成文堂,

---

[1] DID は,Densely Inhabited District の略.国勢調査で設定される地区であり,その基準等については,総務省統計局,人口集中地区とは (http://www.stat.go.jp/data/chiri/1-1.htm) を参照.

1985) のなかで,「人口」,「世帯」,「文化」,「産業」,「経済」を示す諸変数を用いて主成分分析を行い,「〈都市 − 農村〉軸」,すなわち都市化度を析出している.

主成分分析は,複数の変数から合成変数をつくる手法であり,「複数変数で構成される次元を集約する手法」,「観測変数の値の変動を要約する方法」と言い換えることもできる.本章では,この主成分分析について説明する.

9.1 主成分分析の考え方

変数 $x_i (i = 1, 2, \cdots, p)$ を合成し,合成変数 z を作成するとする.合成変数 z は,x_i に適当な重み w_i を与えることでできるとすると,次の式で表現できる.

$$z = w_1 x_1 + w_2 x_2 + w_3 x_3 + \cdots w_p x_p = \sum_{i=1}^{p} w_i x_i. \tag{9.1}$$

変数が3つ以上ではイメージしづらいと思われるので,図 9.1 を参考に合成変数 z について考えてみよう.図 9.1 は,横軸に「病院の耐震化率」を,縦軸に「公立小中学校の耐震化率」を配して作成された散布図である.病院の耐震

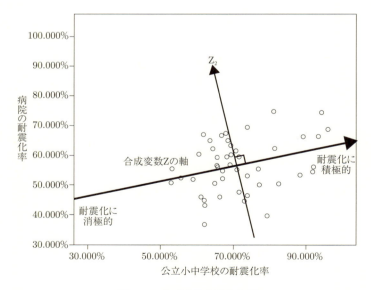

図 9.1 合成変数を考える例

化率も公立小中学校の耐震化率も，地方自治体の耐震化の姿勢を表す1つの指標であるので，両変数を使って合成変数「耐震化度」を作成したいとする．合成変数である耐震化度は2つの次元を1つに要約した結果であるから，縦軸と横軸とは異なる軸となる．すなわち，新たに耐震化に積極的であるか否かという「耐震化度」の軸となる線が引かれるということである．

公立小中学校の耐震化率と病院の耐震化率にそれぞれ適当に重みをつければ，図中には無数の軸となる線を引くことができる．ただ，2つの次元を1つに要約する合成変数をつくるわけであるから，元の2つの変数の散らばり具合が，可能な限りこの1つの軸上で説明できることが最も望ましい．すなわち，無数に引くことができる線のうち，元のデータとの乖離が少なくなるものが望ましいのである．このような条件で引くことができた線（z軸）を指して，第1主成分と呼ぶ．

主成分は，分析に投入した変数の数だけ算出することができる．そのため，変数を2つ投入すれば第2主成分まで算出できる．第2主成分は，第1主成分とは独立で，その説明できる分散が最大のものである[2]．

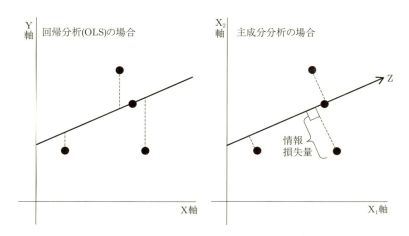

図 9.2　回帰分析と主成分分析での違い

---

[2]「第1主成分と独立」というのは，「第2主成分の軸 z_2 は，第1主成分の軸 z と直交している」という意味である．

ところで,ばらつきといえば,回帰分析の際にも実測値と予測値の差として登場してきた.ただ,主成分分析で考えるばらつきとは,実測値から合成変数の軸となる直線 z への引かれた垂線の長さで示すことができる情報の損失量である.回帰分析 (OLS) のときとは異なっているので注意が必要である(図 9.2).

9.2 主成分分析の計算手順

それでは,重み w_i はどのように算出したらよいだろう.まず,w_i を計算するために,次の制約式を設定する.この設定がないと解を得られないからである.

$$w_1^2 + w_2^2 + w_3^2 + \cdots w_p^2 = 1. \tag{9.2}$$

主成分分析の計算は,**ラグランジュの未定乗数法 (method of Lagrange multiplier)** を用いる.偏微分等を習った記憶がない法学・政治学系の学生にとって,ラグランジュの未定乗数法の理解は容易ではない.そのため,ここでは計算過程を割愛する.実際の計算では,次の式を計算していくことになる.

$$Rw = \lambda w. \tag{9.3}$$

ここでの R は主成分分析に投入する変数の**相関行列 (correlation matrix)**,w は重みのベクトル(固有ベクトル),λ は未定乗数である.w がわかれば,主成分得点(z 軸上の値)を算出することは簡単である.値を代入すればよいからである.相関行列は文系の学生でも算出できる.例題としてやっておこう.

例 9.1 相関行列の作成
「住宅の耐震化率」,「公立小中学校の耐震化率」,「病院の耐震化率」,「防災拠点の耐震化率」の相関行列 R を作成しなさい.

それぞれの変数同士の相関を算出すると,表 9.1 のような結果が得られる.それを行列 R で表現すると,次のようになる.

表 9.1 相関係数の算出結果

	住宅の 耐震化率	公立小中学校の 耐震化率	病院の 耐震化率	防災拠点の 耐震化率
住宅の耐震化率	1.000	0.399	0.202	0.521
公立小中学校の耐震化率	0.399	1.000	0.330	0.952
病院の耐震化率	0.202	0.330	1.000	0.319
防災拠点の耐震化率	0.521	0.952	0.319	1.000

$$R = \begin{pmatrix} 1.000 & 0.399 & 0.202 & 0.521 \\ 0.399 & 1.000 & 0.330 & 0.952 \\ 0.202 & 0.330 & 1.000 & 0.319 \\ 0.521 & 0.952 & 0.319 & 1.000 \end{pmatrix}. \tag{9.4}$$

9.3 主成分分析の結果の解釈

先に述べたように，文系の学生にとって主成分分析の手計算はきわめて困難である．そこで，統計解析ソフトの力を借りて主成分分析の結果を出力させ，その結果を見ながら主成分分析の結果の解釈を理解していくことにしたい．

例 9.2 主成分分析による耐震化度の作成
「住宅の耐震化率」，「公立小中学校の耐震化率」，「病院の耐震化率」，「防災拠点の耐震化率」の 4 変数を用いて主成分分析を行い，耐震化度を作成しなさい．

表 9.2 は，SPSS によって行った主成分分析の出力結果を整理したものである．まず，説明された分散の合計を見てみよう．固有値とは，先に登場した λ であり，「固有値が大きいほど情報が多い主成分である」ということになる．表から，第 1 主成分の固有値は 2.455 で，この第 1 主成分で説明できる割合（寄与率）は 61.387% であることが確認できる．すなわち，全体の分散の 6 割強を第 1 主成分で説明できる．

成分行列が示しているのは，各変数のもつ主成分への負荷量である．**主成分負荷 (principal component loading)** は，−1〜1 までの間の値をとり，その値は主成分と変数の間の相関係数と一致する．「この数値が絶対値 1 に近いほ

表 9.2 SPSS によって得られた主成分分析の結果

成分	説明された分散の合計					
	初期の固有値			抽出後の負荷量平方和		
	合計	分散の%	累積%	合計	分散の%	累積%
1	2.455	61.387	61.387	2.455	61.387	61.387
2	0.833	20.831	82.218			
3	0.674	16.846	99.064			
4	0.037	0.936	100.000			

成分行列

	成分
	1
住宅の耐震化率	0.664
公立小中学校の耐震化率	0.921
病院の耐震化率	0.510
防災拠点の耐震化率	0.952

主成分得点行列

	成分
	1
住宅の耐震化率	0.270
公立小中学校の耐震化率	0.375
病院の耐震化率	0.208
防災拠点の耐震化率	0.388

ど,その変数は主成分に貢献している重要な変数」ということになる.

主成分得点行列は,変数から第1主成分得点(ここでは「耐震化度」)を算出するための係数を示している.すなわち,耐震化度は,

$$\text{耐震化度} = 0.270 \times \text{住宅の耐震化率} + 0.375 \times \text{公立小中学校の耐震化率}$$
$$+ 0.208 \times \text{病院の耐震化率} + 0.388 \times \text{防災拠点の耐震化率} \quad (9.5)$$

で算出されることを,この行列は示している.なお,この主成分得点の計算で用いられる各変数は,標準化されたものであるので注意が必要である[3].

そもそも主成分分析は,合成変数をつくることによって情報を集約し,議論をしやすくすることを目的としている.総合的な指標で議論したくて主成分分析を行っているのであれば,第1主成分でできるだけ多くの分散が説明できるのが望ましい.第1主成分で説明できる分散がかなり大きい場合は,第1主成分のみを総合指標として用いればよいが,具体的にいくつというのは難しい.筆者の経験に従えば,第1主成分で説明できる分散が60%以上であれば,その

---

[3] 投入する変数の単位が皆同じ,かつ分散の大きさについての情報を含めるとよりよい指標ができると考えられる場合,投入する変数を標準化せず,**分散共分散行列 (variance-covariance matrix)** によって主成分分析を行ったほうがよい場合もある.ただ,初学者はそこまで考える必要はないであろう.

第1主成分を総合指標として用いてもいいだろう.

主成分をいくつまで算出するか,それを判断する基準に,**カイザー・ガットマン基準 (Kaiser-Guttman criterion)** に従う方法がある.この基準に従うと,固有値が1を超える主成分が有効な主成分である.

なお,表9.2中で,第1主成分の成分行列,主成分得点行列しか出力されていなかったのは,第2主成分以降の固有値が1未満であり出力されなかったからである.

9.4 主成分得点の回帰分析での利用

主成分分析は,「主成分分析を行って終わり」ではない.主成分分析によって作成された合成変数を用いて,回帰分析等を行うのが一般的である[4].

ここで,先ほど算出された耐震化度について見ておこう.4つの耐震化率に関する変数によって算出された耐震化度の値を大小で並べ替えた結果が,表9.3である.耐震化度は,耐震化を進めている都道府県の総合的な姿勢を示していると見なせるので,耐震化度上位にある都道府県は「耐震化に相対的に積極的

表 9.3 耐震化度の値

耐震化度 上位 15		耐震化度 下位 15	
神奈川県	2.562	山口県	−1.696
静岡県	2.179	岡山県	−1.298
東京都	1.949	広島県	−1.220
宮城県	1.866	愛媛県	−1.156
愛知県	1.845	高知県	−1.102
三重県	1.668	茨城県	−1.095
山梨県	1.379	長崎県	−1.060
滋賀県	1.209	福島県	−0.928
沖縄県	1.058	島根県	−0.809
宮崎県	0.550	徳島県	−0.777
兵庫県	0.500	秋田県	−0.740
大阪府	0.281	熊本県	−0.680
京都府	0.281	岩手県	−0.594
長野県	0.245	鳥取県	−0.582
岐阜県	0.144	栃木県	−0.433

---

[4] 主成分分析によって算出された合成変数は標準化されているので,変数の尺度は「間隔尺度」である.

な都道府県である」といえる．この表を見ると，耐震化度上位 15 には，東海大地震や首都直下型地震等，以前から大地震が起こると想定されてきた都道府県が入っていることに気づく．

例 9.3　主成分得点（耐震化度）を用いた重回帰分析の実施

先ほど主成分分析によって算出された「耐震化度」を従属変数にし，例 6.2 で用いた「民主党議席率」，「単年度財政力指数」，「太平洋沿岸ダミー」を独立変数とした重回帰分析を行い，そこから何がいえるのか指摘しなさい．

例 9.3 を実際に行ってみた結果が，表 9.4 である．この表から確認できるのは，

① 標準化回帰係数を見ると，単年度財政力指数の値が高く，財政力が耐震化の進み具合を規定する大きな要因となっている．
② t 値および有意水準を見ると，単年度財政力指数と太平洋沿岸ダミーが 5％水準で有意である．回帰係数の傾きとあわせて解釈すると，単年度財政力指数が高い都道府県ほど耐震化が進む傾向にあり，また太平洋沿岸に位置する都道府県ほど耐震化が促される傾向にあることが確認できる．

の 2 点である．

表 9.4　耐震化度を従属変数とした重回帰分析の結果

	回帰係数	標準誤差	標準化回帰係数	t 値	有意確率	許容度	VIF
定数項	−1.542	0.308		−4.998	0.000		
民主党議席率	0.006	0.015	0.052	0.374	0.710	0.674	1.484
単年度財政力指数	2.562	0.670	0.509	3.823	0.000	0.746	1.341
太平洋沿岸ダミー	0.576	0.254	0.280	2.270	0.028	0.869	1.151
決定係数 R^2	0.433						
自由度調整済み決定係数 adjusted R^2	0.393		回帰式の F 値 = 10.927　回帰式の有意確率 = 0.000				
標本数 N	47						

民主党議席率が統計的に有意でないからといって，耐震化と政治には関係がないと判断してしまうのは早計である．たしかに民主党の議席率は有意ではなかったが，この変数を，「国土強靱化」を主張する自民党の議席率に置き換えれば，有意な結果が得られるかもしれない．また，太平洋沿岸ダミーが有意である背景に，東海・東南海大地震に関する法令の整備があることは十分に予想できる．仮に国政レベルで国土強靱化対策が進められ，かつ財源が手当されれば，太平洋沿岸部以外の県でも耐震化が促されることになるだろうし，もしそうなると，このダミー変数は将来統計的に有意でなくなるかもしれない．分析結果を論文に執筆するときは，このあたりまで議論として記述したほうがよいだろう．

　初学者のなかには，統計分析で算出された値を書き写すだけで，そこから先の議論がないという者も少なくない．誰しも統計分析を習い始めた頃は，こうした実験レポート的な記述に陥るし，致し方ない面はある．そうはいっても，統計的手法を学ぶのは実験レポートを書くためではない．統計的手法を使って政治現象を分析し考察することが最終目的である．実験レポートから早く卒業できるよう，先行研究を読み，論文等でどのように記述されているのか，真似しながら学んでいかなければならない．

―――――― コラム（「国力」と「民主化度」）――――――
　国際関係では，しばしば「国力」という用語が使われる．国力といった場合，直感的に思い浮かぶのは軍事力である．軍事力は，兵力や装備等で測定することができ，核兵器の保有なども軍事力を示す指標となる．
　一方で，近年は軍事力以外の「力」も国力を判定する重要な要素となっている．たとえば経済力である．経済のグローバル化が進み，ある地域の経済不安が世界に波及する今日，経済規模が大きい国の発言力は国際社会に大きな影響を与える．知的財産などに代表される技術力も，今日，国力を構成する要素となっているといえるだろうし，歴史や文化遺産などの魅力も国際関係を考えるうえで重要な要素の1つとなっている．こうして考えると，「国力」は実際に測定できる軍事力や経済力，技術力などを集約した合成変数といえるだろう．
　「民主化度」も，都市化などと同様，複数の変数から合成して作成できる変数と考えることができる．言論の自由が保障され，自由な選挙が行われている国家は民主的といえるだろうし，また民主主義国家は政府による情報公開の仕組みが整っていると考えられる．すなわち，「言論の自由が保障されているか」，「自由な選挙が行われているか」，「情

報開示の手続きがきちんと整備されているか」など，民主化に関するさまざまな問いに「イエス」と答えることができる国は民主的な国といえ，すべて「ノー」と答えざるを得ない国は民主的な国とはいえない．そう考えると，「民主化度」はそれらの問いに対する回答があれば作成できることに気づく．

すなわち，国力や民主化度は，変数さえ集まれば主成分分析で作成することが可能なのである[5]．ただし，「精度の高い変数を手に入れることができたら」という条件付きではあるが[6]．

練習課題

- 日経グローカル（編）『地方議会改革の実像』（日本経済新聞出版社，2011）などのデータを参考に，議会改革に関するデータセットを作成しなさい（分析の単位は市レベルとする）．また，そのデータセットを用いて主成分分析を行い，「議会改革度」を作成しなさい．

レジュメ作成

- 平野浩『変容する日本の社会と投票行動』（木鐸社，2007）第10章を読んで，筆者が描く対立軸を分析するためにはどのような質問をしたらよいと思われるか，意識しながらレジュメを作成しなさい．
- 村松岐夫・久米郁男（編著）『日本政治変動の30年』（東洋経済新報社，2006）第5章を読み，インターネットを用いた選挙運動が解禁された現在ではどのような変数が主成分分析に加えられるのか考えながら，レジュメを作成しなさい．

---

[5] 国際政治分野での計量分析に関心があるなら，松原・飯田 (2012) などを参照するとよい．
[6] 現在，民主主義の多様性を測定しようと試みる Varieties of Democracy Project が進行中であり，筆者も日本担当のコーダーとして参加している．ホームページを開設して情報を発信しているので，一度覗いてみるのもよいだろう (https://v-dem.net)．

10 因子分析

因子分析 (factor analysis) は，調査から得られた**観測変数 (observable variable**[1]**)** の背後に何らかの共通因子（**潜在変数 (latent variable)**）が存在すること想定し，それを見つけるための手法である．

因子分析は，政治学よりも心理学や教育学でよく用いられる．政治学で因子分析が用いられる場面は，争点態度や政治意識を分析する際である．たとえば，蒲島郁夫は，綿貫譲治・三宅一郎 他『日本人の選挙行動』（東京大学出版会，1986）第6章において，さまざまな政治参加のパターンから，①地域活動，②選挙活動，③投票という3つの因子を因子分析によって抽出し，抽出された因子が，政治情報や政治関与，政治信頼といった変数とどう関係するのか，考察している．

因子分析は，変数群の背景にある共通因子を見い出すことを主眼としているので，主成分分析同様，多くの情報を集約する手法と見なすこともできる．そのため，主成分分析と因子分析は「ほぼ同じ」と理解する者が，初学者の中に少なからずいる．しかし，主成分分析と因子分析には大きな違いがある．因子分析で明らかとされる因子（潜在変数）は，独立変数的である．潜在変数が，観測変数を規定しているというスタンスになるからである．一方，主成分分析は観測された変数を合成するのであるから，その矢印の向きは逆になる（図10.1）．本章では，因子分析について概説することにする．

---

[1] 観測できる変数ではなく，「観測された変数 (observed variable)」と理解することも可能ではある．

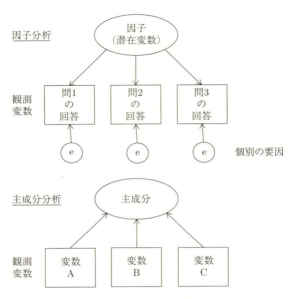

図 10.1 因子分析と主成分分析の考え方の違い

10.1 因子分析の概要

因子分析では，潜在変数のうち，複数の観測変数に共通で作用するものを**共通因子 (common factor)**，個々の観測変数に個別に作用するものを**独自因子 (unique factor)** と呼ぶ．仮に因子分析によって共通因子が 2 つ抽出されたとした場合，共通因子・独自因子と，観測変数との間の関係は次のようになる．

$$観測変数 = a \times 共通因子1 + b \times 共通因子2 + d \times 独自因子. \quad (10.1)$$

a は，共通因子 1 がある観測変数に与える影響の強さを示しており，b は，共通因子 2 がその観測変数に与える影響の強さを示している．これら共通因子の係数を**因子負荷 (factor loading)** と呼ぶ．

10.1.1 共通性

因子分析は，**共通性 (communality)** を推定するところからスタートする．共通性は，個々の変数が抽出された（共通）因子によってどの程度説明される

か示した割合である．わかりにくいようなら，回帰分析で登場した決定係数をイメージすればよい．もし，共通性が0.25であるなら，その観測変数の分散は共通因子によって25%説明されることを意味している．

共通性は，相関行列が得られれば推定値を算出することができる．因子分析では，ある観測変数と残る他の観測変数との間の重相関係数を求め，その2乗値 (SMC) をその変数の共通性とする方法がよく用いられる．そのほかにも，ある観測変数と残る他の観測変数との相関係数のうち，その絶対値が最大のものをその変数の共通性とする方法もある．また，逐次的に計算を行うことで共通性を算出する方法もある．

10.1.2 因子の抽出

因子分析には，2つのステップがある．因子を抽出するのがファーストステップ，原点を中心に因子軸を回転させ，得られた因子の解釈を容易にするのがセカンドステップである．因子の抽出にはさまざまな方法があり，たとえばSPSSでは因子の抽出方法として，①主成分法，②重み付けのない最小2乗法，③一般化した最小2乗法，④最尤法，⑤主因子法，⑥アルファ因子法，⑦イメージ因子法が準備されている．

初学者で数学があまり得意ではない文系の学生や公務員にとって，因子の抽出方法の理解は難しく，抽出法の理解にエネルギーを注ぎすぎて論文が書けないようでは元も子もない．政治学の分野でしばしば見かけるのは，**主因子法 (principal factor method)** であることから，探索的な因子分析を行う初学者は，主因子法のみ理解しておけば概ね十分であろう[2]．主因子法は，因子負荷の2乗和（**因子寄与 (factor contribution)**）が最大になるように因子負荷量を求める方法である．かつては**主成分法 (principal component method)** を用いた因子分析も見られたものの，最近では見かけない．主成分法は，主成分分析の手法で因子を抽出する方法であるが，この方法は共通性を推定していない．因子分析は共通性の推定をスタート地点にしており，主成分法ではその目

---

[2] なお，主因子法には，「反復を行う主因子法」と「反復を行わない主因子法」がある．収束するまで何度も繰り返し固有値の計算をする前者は，当然精度は高く，一般に主因子法といえば，前者を指す．SPSSに用いられている主因子法は，反復を行う主因子法である．

的からはずれてしまう．主成分法を用いた因子分析は見かけなくなったのは，因子分析を適切に行う理解が広まったことが背景にある[3]．

近年では，コンピュータの性能が向上したこともあり，最尤法も因子抽出の方法としてよく用いられている．覚えておくとよいだろう[4]．

10.1.3　因子軸の回転

因子分析のセカンドステップは，原点を中心に因子軸を回転させることである．因子軸を回転させるのは，解釈を容易にするためであり，言い換えると，観測変数が少数の因子によってのみ説明できるよう**単純構造 (simple structure)**の状態に近づけるためである．

因子同士を無相関と仮定する因子分析のモデルを**直交モデル (orthogonal model)**，因子同士の相関関係を認める因子分析のモデルを**斜交モデル (oblique model)** と呼び，前者を仮定した場合の解を**直交解 (orthogonal solution)**，後者を仮定した場合の解を**斜交解 (oblique solution)** という．因子軸の回転は，直交解を想定すれば「直交回転」を，斜交解を想定すれば「斜交回転」を選択することになる．

直交回転

因子同士の無相関を想定する直交回転は，因子軸の直交状態を維持して回転させることを意味する．直交回転の方法にはさまざまなものがあるが，政治の統計分析を行う初学者がおさえておくべきものは，**バリマックス回転 (varimax rotation)** である．バリマックス回転は，因子負荷の平方の分散を最大にするように回転させる手法であり，主因子法との組み合わせで，数多く先行研究に登場する手法である．

軸の回転といわれてもピンとこない者もいるだろう．そこで，具体的に考えてみたい．

---

[3] 主成分法で因子を抽出し，抽出された因子を回転しなかった場合，その結果は主成分分析の結果と同じになる．

[4] **共分散構造分析 (covariance structure analysis)** のような場合に（**構造方程式 (structural equation modeling)** を用いた確証的因子分析を行う場合），最尤法は用いられる．

ある調査で得られた，「政治参加への意欲（プラスほど意欲があるとする）」に関する変数で因子抽出した結果，2つの因子が得られたとする．そして，回転前の因子負荷を平面上にプロットしてみたら，図10.2のようであったとする．

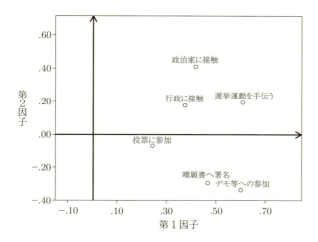

図 **10.2** 因子負荷（回転前）のプロット図

図10.2の結果をぱっと見て，変数と抽出された因子間の関係がわかる人はそう多くはないだろう．とりわけ第1因子がわかりにくい．そこで，原点を中心に，図10.3のように因子軸を回転させてみる．そうすると，変数と因子の間の関係が見えてくる．第1因子は，「デモ等への参加」，「嘆願書への署名」といった変数との関係が大きい．そこから，第1因子は「住民運動への参加に対する意欲を示している」と解釈できる．第2因子は，「政治家に接触」，「選挙運動を手伝う」，「行政に接触」といった変数と関連が高いことがうかがえる．そこから，第2因子は「意思決定に関与できる政治的アクターに対する個別接触に対する意欲を示している」と解釈できる．

斜交回転

図10.3は，第1因子と第2因子の間は無相関と想定し，因子軸は直交するという前提で回転させた．しかし，図10.4のように，直交するという前提をおかず，別々に軸を回転させたほうが，より解釈しやすくなる場合も有り得る．

118　第 10 章　因子分析

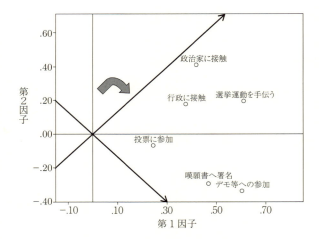

図 **10.3**　因子軸の回転（直交回転）

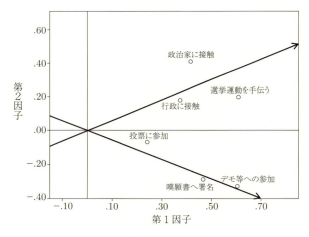

図 **10.4**　因子軸の回転（斜交回転）

　斜交回転は，直交回転のような前提をおかない方法である．斜交回転も，直交回転同様，複数の方法が提案されているが，論文などで比較的目にする方法は，**プロマックス回転 (promax rotation)** である．ただし，斜交回転は結果の解釈が難しい．たとえば，斜交回転（プロマックス回転）を行うと，因子負荷を示すパターン行列（因子パターン）と，因子と観測変数との間の相関を示す構

造行列（因子構造）が出力される．どちらを使ったらよいか迷ってしまう．通常，斜交回転の解釈は「パターン行列を用いると容易」（村瀬・高田 他, 2007）といわれるが，若葉マークのうちは斜交回転には手を出さないほうが賢明である．慣れてきてから挑戦してほしい．

10.1.4　因子の数

因子分析では理論上，抽出する因子の数を分析前に決める必要がある．しかし，「因子分析をしてみないと，どのような因子があるかわからない」という場合もある．

SPSS などの統計解析ソフトのなかには，事前に抽出する因子の数を設定するか，既出のカイザー・ガットマン基準で抽出する因子の数をソフトに任せるか，選択することができるものもある．

10.2　因子分析の実例

ここでは，例 10.1 を通じ，因子分析の実際を説明する．

例 10.1　農業従事者意識調査を用いた因子分析の実施

2000 年代は，日本の農業政策の見直し期であった．2000 年代における農家，とりわけ兼業農家が農業政策に対しどのような態度をとっていたかを確認し，彼らの意見の背後にある潜在変数を確認すべく因子分析を行い，検討しなさい．

利益団体内の構成員の意識に関する分析は調査が難しいため，先行研究が少ない．なぜなら構成員名簿（サンプリング台帳）が手に入りにくいからである．事実，当該団体が協力してくれなければほとんど不可能といってよい．

幸運にも，筆者は朝日新聞仙台総局と共同で，宮城・秋田・山形・新潟の農業従事者意識調査を，農協側の協力もあり 3 次にわたって行うことができた（2008～2010 年度）[5]．ここでは，この調査で得られたデータ（第 1 波）を用いて因子分

---

[5] 第 1 波調査の結果は，『朝日新聞』2009 年 3 月 21 日（朝刊）等で記事化されている．なお第 2 波調査は 2009 年 10 月 25 日（朝刊），第 3 波調査は 2010 年 9 月 5 日（朝刊）にそれぞれ記事化されている．

析を行うことにする.

10.2.1 意見の分布

この農業従事者第1波調査では,「減反」,「個別所得補償」,「大規模化」,「輸入米の見直し」,「コメの輸出」,そして「公共事業」という6つの農業政策について質問している.選択肢に割り振られた数値の一覧が,表10.1である.なお,因子分析をするにあたり,ここでは,「5. なんともいえない」,「6. わからない」,「98. 非該当」は欠損値とする.

表 10.1 回答に割り振られた数値

	割り振られた数値						
	1	2	3	4	5	6	98
減反政策の廃止見直し	現在の仕組みの廃止	大幅な見直しが必要	若干の見直しが必要	現状維持	なんともいえない	わからない	非該当
戸別所得補償	導入反対	どちらかといえば反対	どちらかといえば賛成	導入賛成	なんともいえない	わからない	非該当
農業の大規模化	促進反対	どちらかといえば反対	どちらかといえば賛成	促進賛成	なんともいえない	わからない	非該当
輸入米の流通見直し	見直し反対	どちらかといえば反対	どちらかといえば賛成	見直し賛成	なんともいえない	わからない	非該当
コメの海外輸出促進	促進反対	どちらかといえば反対	どちらかといえば賛成	促進賛成	なんともいえない	わからない	非該当
公共事業の減少	望ましい	どちらかといえば望ましい	どちらかといえば望ましくない	望ましくない	なんともいえない	わからない	非該当

それぞれの政策に対する回答結果の分布を帯グラフで表現したものが,図10.5である.減反政策の見直し派が多く,その一方で個別所得補償導入に賛成する者の割合が高いことがうかがえる.また,農業の大規模化や公共事業の減少については賛否が拮抗していることが確認できる.

10.2.2 因子分析の結果と解釈

因子の抽出法を主因子法とし,回転をバリマックス回転とする因子分析を行うことにしよう.抽出する因子数は2とする.表10.2は主因子法によって抽

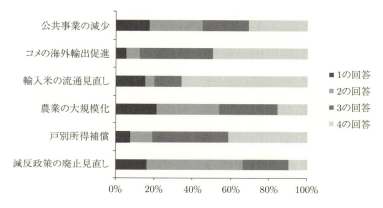

図 10.5 農業政策に対する回答の分布

表 10.2 因子分析の結果(回転前)

	抽出された因子	
	第1因子	第2因子
コメの海外輸出促進	0.621	0.084
戸別所得補償	0.362	0.094
輸入米の流通見直し	0.320	0.038
公共事業の減少	−0.086	0.615
農業の大規模化	0.205	−0.212
減反政策の廃止見直し	−0.023	0.102

表 10.3 因子分析の結果(回転後)

	回転後得られた因子	
	第1因子	第2因子
コメの海外輸出促進	0.624	−0.057
戸別所得補償	0.374	0.011
輸入米の流通見直し	0.320	−0.034
公共事業の減少	0.054	0.618
農業の大規模化	0.153	−0.253
減反政策の廃止見直し	0.000	0.104
回転後の因子寄与	0.658	0.461
回転後の因子寄与率	10.972%	7.690%

出された因子の値(回転前)を示しており,表 10.3 は回転後の結果を示している[6].この結果から何が指摘できるのであろう.

第1因子は,「コメの海外輸出促進」の絶対値が大きく,それに「個別所得補償」,「輸入米の流通見直し」が続く.ここから第1因子は「コメの国際化」を示したものと解釈できる.コメの国際化に対する姿勢は,「攻めの農業」に対する姿勢と言い換えることもでき,グローバルな視点が回答に影響を及ぼしているともいえるだろう.第2因子は「公共事業の減少」の値が大きく,続いて絶対値の値が大きいのは「農業の大規模化」である.第2因子の正の値は,「公共事業の減少」は望ましくなく,「農業の大規模化」促進反対となる.公共事業の

---

[6] 論文に掲載する際は,回転後の表のみで十分である.

減少が望ましくなくて，農業の大規模化反対なのは零細兼業農家であることから，第2因子は，「農業への専従化」を示した因子と解釈できる．

意見の分布を確認し，因子分析を行った結果，次の点が指摘できる．

① 農業従事者のなかでも意見は分かれており，少なくとも今日，「農家は一枚岩」と言い難い状況にある．
② 因子分析の結果，「コメの国際化」と「農業への専従化」が回答に対する潜在変数になっていることがわかった．

この結果は，コメの国際化を目指す専業農家とこれまでの体制を維持したい兼業農家の間に意識レベルでの亀裂があることを予想させる．コメの国際化を促すTPP[7]交渉に対し，農協が一致団結して反対することができなかったのは，農協構成員のなかにこうした意識の差による亀裂があったから，と説明することができるだろう．

10.3 コレスポンデンス分析

政治学の分野で行われている因子分析は，サーヴェィで得られた5点尺度（選択肢が5つ）などで測定された政治心理に関する変数を用いることが多い．ただし，因子分析は基本的には量的変数で用いられる手法である．

そのため，用いる変数が質的変数の場合，因子分析の代わりに**コレスポンデンス分析 (correspondence analysis)** を行うという方法や，日本独自の分析手法である**数量化理論 III 類 (Hayashi's quantification methods of the 3rd type)** を用いるという方法もある（本章コラム参照）．

コレスポンデンス分析での分析結果を簡単に紹介しておこう．コレスポンデンス分析は，まず分割表を準備し，その分割表の行カテゴリーと列カテゴリーの順番を入れ替え，両カテゴリーの間の相関が高くなるようにするという方法である．コレスポンデンス分析を行うと，カテゴリー間の関係性を視覚化することができる．図10.6は，先ほどの農業従者調査のうち，2007年参院選の投票先と個別所得補償に対する賛否の2変数でコレスポンデンス分析を行った結果

---

[7] trans-pacific strategic economic partnership agreement の略．

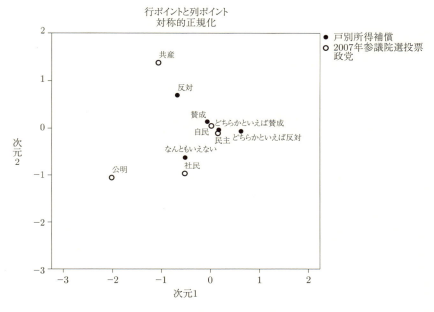

図 10.6 コレスポンデンス分析の結果例

である．図中のカテゴリーの距離は関連性を示している．

調査当時，民主党に投票した者は「個別所得補償に賛成だった者」であるように報道されていた．しかし，この図では，「賛成」，「どちらかといえば賛成」と民主党との距離はたしかに近いが，自民党にも近いことが確認できる．これは個別所得補償に賛同している者の中に民主党へ投票した者もいれば，自民党に投票した者も少なくなかったことを示している．

―――― コラム（質的変数を分析する手法「数量化理論」）――――

戦後，林知己夫によって，質的変数を分析する日本独自の手法である数量化理論が開発されている．数量化理論にはいくつか種類があり，数量化理論 I 類～IV 類が広く知られる．数量化理論は，ダミー変数を用いて質的変数を数値化して多変量解析を行う手法である．数量化理論 I 類が回帰分析，II 類が**判別分析 (discriminant analysis)**[次頁8]，III 類が主成分分析・因子分析に対応している．標本間の親近性を計算する IV 類は，**多次元尺度構成法 (multi-dimensionalscaling, MDS)** に含まれるとされる．

数量化理論は日本独自に発達したこともあり，海外の統計解析ソフトでは対応してい

ないものが多いが，数量化理論ソフトを販売している日本の企業もあるので，一度手にとって使ってみてもよいかもしれない．

練習課題
・蒲島郁夫・竹中佳彦『イデオロギー』（東京大学出版会，2012）第5章を読み，イデオロギー研究における因子分析の利用法について確認しなさい．その後，さまざまな争点に対する態度を質問した世論調査のデータセット（たとえばJESⅢなど）をデータアーカイブから借り受け，実際に因子分析を行ってイデオロギー軸を抽出してみなさい．

レジュメ作成
・池田謙一『政治のリアリティと社会心理』（木鐸社，2007）第7章を読み，そこで用いられている因子分析の手法を確認し，レジュメを作成しなさい．
・三船毅『現代日本における政治参加意識の構造と変動』（慶應義塾大学出版会，2008）第4章を読み，政治参加のモードの時代的変化に注目しながら，レジュメを作成しなさい．

---

[8] 政治学の分野では，近年ロジスティック回帰分析やプロビット分析の利用が増える傾向にある一方で，判別分析を利用した分析は減る傾向にある．本書では，そうした傾向に鑑み判別分析の解説は行わない．

11 クラスター分析

　震災からの復旧・復興過程を俯瞰的に見ると，その対応への類似性から，被災自治体の首長はいくつかのグループに分類できそうである．ただ，「こんなグループに分類できる」という確固たる分類基準（**外的基準 (external criteria)**）があるわけではない．むしろ，「国へ要求のしかた」や「被災者の声を聞く姿勢」といった点から，「A 首長の震災対応は B 首長の対応と似通っているといえるのではないか」と，探索的にグルーピング（**クラスタリング (clustering)**）できるといったレベルである．そうした場合に出くわしたとき，威力を発揮するのが，**クラスター分析 (cluster analysis)** である．首長たちの行動に関するデータを集めクラスター分析を行えば，各首長をクラスタリングでき，彼らの類似性を可視化できる．

　クラスター分析は，実際の観測データからまとまりを見い出そうとするものであるから，観測されたデータに依存する分析手法である．「仮説を立てて実証するスタイルにそぐわない探索的な分析手法」と言い換えることができる．そのため，政治学の実証研究で見かけることはほとんどない．なぜなら，「やってみないとわからない」からである．しかしながら，似たもの同士をつなぎあわせ，おおまかな全体像を把握することができるクラスター分析は，実際の政策形成過程に携わる行政職員にとっては，情報を集約してくれる有用な手法である．たくさんの標本を少ないクラスターに結合することで，議論しやすくなるからである．本章では，このクラスター分析を取り上げることにする．

11.1 階層的クラスター分析と非階層的クラスター分析

クラスター分析には大きく，階層的クラスター分析 (hierarchical cluster analysis) と非階層的クラスター分析 (non-hierarchical cluster analysis) がある．本章では，階層的クラスター分析のみを解説する．

階層的クラスター分析は，標本・クラスター間の類似性（距離の近さ）を計算し，階層的にクラスターを構築していく方法である．階層的クラスター分析の手法は次の通りである．まず，標本1つ1つがクラスターを構成しているとする．次の段階で最も距離の近いクラスター同士を結合させ，新しいクラスターをつくる．新しいクラスターができたら，既存のクラスターとの距離を再計算し，近いものがクラスターとして統合される．これを何度も繰り返し，最終的にすべての標本で構成される大きな1つのクラスターができた段階で，階層的クラスター分析は終了する．階層的クラスター分析では，クラスターの統合を可視化したデンドログラム (dendrogram) が作成される．通常，これを見ながら，結果の解釈が行われる．

なお，クラスター分析では，標本だけではなく，変数のクラスタリングも可能である．その場合，変数間の相関行列（あるいは分散共分散行列）をつくり，それをもとにクラスタリングすることになる．

11.2 距離と類似度

クラスター分析の実際の計算は，非類似度に基づいた行列を作成して行われている．非類似度行列を作成するには，標本間の距離（非類似度）や類似度を計算する必要がある．ここでは，距離と類似度について説明する．

11.2.1 距　離

距離は，値が小さければ小さいほど似ているという測度である．すなわち，非類似度である．距離の測度には，ユークリッド距離 (Euclidean distance)，ユークリッド平方距離 (squared Euclidean distance)，ミンコフスキー距離 (Minkowski's distance)，マハラノビス汎距離 (Mahalanobis' generalized distance) などがある．ユークリッド距離は高校の教科書にも登場したりした

ので，知っているという読者も多いだろう．

2つの標本 a と b について，n 個の観測変数があるとする．a と b の観測ベクトルを $x_a = (x_{1a}, x_{2a}, \cdots, x_{na})$，$x_b = (x_{1b}, x_{2b}, \cdots, x_{nb})$ とおいた場合，a と b のユークリッド距離は，次の式となる．

$$d_{ab} = \sqrt{\sum_{i=1}^{n}(x_{ia} - x_{ib})^2}. \tag{11.1}$$

ユークリッド平方距離は，ユークリッド距離を2乗したものであるから，次式となる．

$$d_{ab} = \sum_{i=1}^{n}(x_{ia} - x_{ib})^2. \tag{11.2}$$

ミンコフスキーの距離は，ユークリッドの距離を一般化したものである．ユークリッド距離は $P=2$ のときであり，$P=1$ のときは**マンハッタン距離（Manhattan distance, 市街地距離**とも）である．

$$d_{ab} = \sqrt[p]{\sum_{i=1}^{n}|x_{ia} - x_{ib}|^p}. \tag{11.3}$$

マンハッタン距離は，直線距離ではなく，京都のような碁盤の目のような町を移動したときの距離をイメージすればよい．図 11.1 中の地点 A から地点 B までの距離は，どのルートを通っても同じになる．これがマンハッタン距離である．

マハラノビス汎距離を算出する式は，次式である．式 (11.4) 中の S は，分散共分散行列である．マハラノビス汎距離では，データの分布だけではなく，相関も考慮された形で距離が算出される．その点が，ユークリッド距離等とは異なっている[1]．

$$d_{ab} = (x_a - x_b)'S^{-1}(x_a - x_b). \tag{11.4}$$

なお，標本やクラスター間の距離を測定する際，注意しなければならないことがある．「単位問題」である．クラスター分析では，単位の異なるさまざまな変

---

[1] 相関が強い方向の距離は，実際の距離よりも相対的に短くなる．

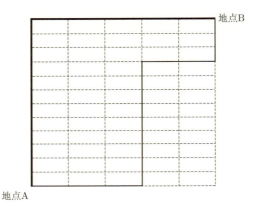

図 11.1 マンハッタン距離の考え方

数を用いる場合が多い．政治・行政の分野では，とりわけそうなりやすい．そのため異なる変数を用いてクラスター分析を行う際は，用いる変数を標準化するなどの処理をし，単位問題が起きないよう対処しておく必要がある[2]．

11.2.2 距離算出の実践

ユークリッド距離による測定方法については，大学入学前にすでに習っている．ここでおさらいをしておこう．

例 11.1 ユークリッド距離の算出

政治家 p_1, p_2, p_3 がいたとする．彼らの政治的な立場を図 11.2 のような争点空間に布置できた場合，p_1 と p_2，p_2 と p_3 の争点態度の距離をそれぞれ算出せよ．

平面上に $X(x_1, x_2)$ および $Y(y_1, y_2)$ があったとき，X と Y の間のユークリッド距離 d_{xy} は，次式で算出することができる．

$$d_{xy} = \sqrt{(x_1 - y_1)^2 + (x_2 - y_2)^2}. \tag{11.5}$$

---

[2] クラスター分析の計算をするステップのなかに，標準化を組み込んでいるソフトもある．そうしたソフトを用いれば，変数を標準化する必要はない．

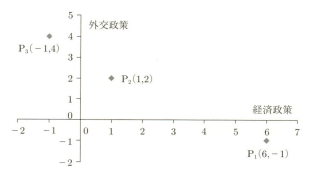

図 11.2 政策空間上の政治家の位置

これに従えば，図 11.2 中の p_1 と p_2 のユークリッド距離は，

$$\sqrt{(6-1)^2 + ((-1)-2)^2} = 5.831$$

となり，p_2 と p_3 のユークリッド距離は，

$$\sqrt{(1-(-1))^2 + (2-4)^2} = 2.828$$

となる．数値を比較すれば，p_2 は p_1 よりも p_3 のほうが近いとなる．

クラスター分析では，こうした計算が繰り返し行われ，近いもの同士がクラスターとしてまとめられていくのである．

11.2.3 類似度

類似度は，値が大きければ大きいほど似ているという測度である．これまでの学習で登場したピアソンの積率相関係数やクラメールの V などは変数間の類似性を示す統計量だったが，この算出方法を標本間に応用すれば，クラスター分析に必要な類似度行列を作成することができる．

原点から標本を結ぶ 2 つのベクトルでできた角のコサイン（余弦）の値で示される**コサイン類似度 (cosine similarity)** という類似度もある．原点を基準に，標本間の方向性が完全に一致すれば最大値 1 をとり，真逆であれば-1 をとる．1 に近づけば方向的に似通っており，逆方向では似通ってはいないとなる

点が，距離とは大きく異なる点である[3]．

$$\cos\theta = \frac{x \cdot y}{|x||y|}. \tag{11.6}$$

なお，クラスター分析は非類似度（距離）を基本としているので，クラスター分析で類似度を用いる際，統計解析ソフトによっては，類似度の符号を逆転させたりするなどの事前処理が必要となる．

11.3 クラスターの結合方法

標本同士であれば測定する基点は明らかであるが，複数の標本を含むクラスター同士の距離を測定したい場合，距離を測定する基点をどこにするかが問題となる．クラスター A とクラスター B があった場合，クラスターの間の距離に，最も近い標本間の距離を用いるのか（①），クラスターの中心部の間の距離を用いるのか（②），それとも最も遠い標本間の距離をとるのか（③）といった問題が生じるのである（図 11.3）．

クラスター間の距離を測定し結合させていく方法には，**最短距離法 (nearest neighbor method)**，**最遠距離法 (furthest neighbor method)**，**群平**

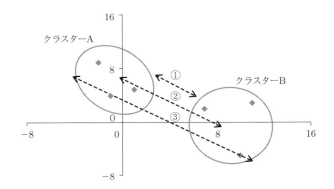

図 11.3 クラスター間の距離測定

---

[3] コサインの値で標本同士の関係を考えるという発想は，投票行動研究で議論となった「近接性モデル–方向性モデル」論争で登場する方向性モデルのアイデアと相通じている．「近接性モデル–方向性モデル」論争については，谷口 (2005) を参照．

均法 (group average method),重心法 (centroid method),ウォード法 (Ward's method) などがある.

最短距離法は,クラスター A の標本とクラスター B の標本の間の距離をすべて測定し,そのなかで最も小さな値(近い距離)をクラスター A とクラスター B の距離と定義し,これに基づいてクラスターを結合させていく方法である.

群平均法は,クラスター A の標本とクラスター B の標本の間の距離をすべて測定し,その平均値をもってクラスター間の距離と定義し,これに基づいてクラスターを結合させていく方法である.

なお,最短距離法・最長距離法・群平均法は,どのような距離でも用いることが可能である.

重心法は重心の概念を用いる方法で,両クラスターの重心間の距離をクラスター間の距離と定義してクラスターを結合させていく方法である.重心法で利用する距離は,通常ユークリッド平方距離である.

ウォード法は,クラスター内の距離平方和が最小になるようにクラスター化する方法で,利用する距離は,重心法同様,ユークリッド平方距離である.ウォード法は,これらの手法のなかで最もバランスのとれた方法と見なされていることもあり,目にすることが比較的多い手法である.

クラスター分析の結果はどの方法を用いるかで大きく異なる.実際に行ってみて,解釈しやすいものを選択するのがベターと考えるのが一般的である.

11.4 クラスター分析の実施と留意点

11.4.1 クラスター分析の実施

それでは,実際に階層的クラスター分析を行うことにしたい.

例 11.2 階層的クラスター分析による合併自治体の分類
東北地方の合併自治体をクラスター分析で分類したい.第 7 章で用いたデータを利活用しながら,階層的クラスター分析を行ってみなさい.

ここでは,第 7 章で用いた変数「中心自治体の人口比」,「中心自治体の単年

度財政力指数（2003年度）」，「合併に参加した市町村数」に加え，「合併特例終了日と合併期日の差」および「新設合併ダミー」の5変数を，階層的クラスター分析に用いる変数とする．合併特例終了日と合併期日の差は，特例終了間際の駆け込み合併か否かを判断する変数である．

階層的クラスター分析には上述のようにさまざまな手法があるが，ここでは，距離の測定はユークリッド平方距離を，クラスターの結合方法はウォード法を用いることにする．

階層的クラスター分析を行った結果得られたデンドログラムが，図11.4である．階層的クラスター分析では，クラスター数をいくつにするか，予め定まっているわけではない．そのため，行った者の経験や知識に負う部分が大きい．たとえば，図11.4中の②のあたりなど，結合距離が長いところをカッティング・ポイントにするという考え方もあるが，クラスター数が少ないと階層的クラスター分析を行った意味がないし，①よりも左側にカッティング・ポイントをおくとクラスターが増えて解釈しづらいかもしれない．

図11.4の結果を，①をカッティング・ポイントとして見ていくと，東北の合併市は，まず石巻市や大崎市など多くの市町村が大同合併したクラスターIと，盛岡市や会津若松市など周囲に位置する少数の町村を吸収したクラスターIIに分けられる．クラスターIは，登米市や栗原市のような多核型大同合併となったクラスターI-1，多核的だが中心がある程度はっきりしているクラスターI-2，そして多核的な印象に乏しいクラスターI-3に分けられる[4]．一方，クラスターIIは大船渡市とそれ以外に分けることができる[5]．

階層的クラスター分析は，クラスターを作成して終わりではない．標本をクラスタリングするのは，次に何らかの分析を行うためである．たとえば，合併直後の初代市長選挙（設置選挙）の平均投票率をクラスターごとに集計してみた結果が表11.1である[6]．この表から，クラスターI-1は総じて初代市長選挙の投票率が高かったことが確認できる．

---

[4] さらに細かく見れば，クラスターI-2およびI-3はそれぞれ，拠点都市性が強いか否かでクラスターが分けられると解釈できる．
[5] 大船渡市だけのクラスターができる理由を考える必要もある．
[6] 編入合併では設置選挙は行われないため，データは欠損値となる．クラスターIIの結果がないのはそのためである．

11.4 クラスター分析の実施と留意点　133

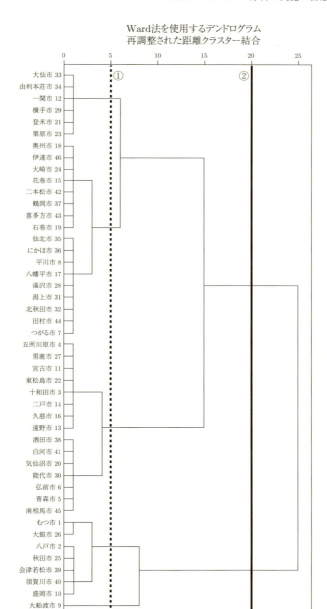

図 11.4　クラスター分析によって導き出されたデンドログラム

表 11.1　初代市長選挙の投票率

クラスター	平均値	度数	標準偏差
I-1	80.6%	5	0.045
I-2	76.7%	11	0.049
I-3	68.3%	11	0.100
全体	74.0%	27	0.087

　階層的クラスター分析は，探索的な検討の第一歩であり，「クラスターを作成してから，どのような分析を行うか」という点まで意識することが肝要である．

11.4.2　クラスター分析を行ううえでの留意

　クラスター分析は，そもそも標本をいくつかのクラスターに分けることを目的としている．そのため，図 11.5 のように，標本が 1 つずつ連鎖的にクラスターと結合する**鎖効果 (chain effect)** が発生するのは望ましくない．デンドログラムを見て鎖効果が起こっているようであれば，使用する距離（非類似度）や結合方法を見直すとともに，分析に用いている変数も見直し，クラスター分析を再度し直す必要がある．なお，最短距離法は，相対的に鎖効果が起きやすいといわれている．

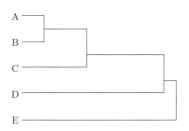

図 11.5　鎖効果が発生しているデンドログラムの例

コラム（キャリアパスの分析）

　日本の官僚制は，入り口採用・年功序列・終身雇用を特徴とする閉鎖型任用制である．閉鎖型任用制が採用されている組織は抜擢人事が行われにくく，そのリーダーは，原則，組織内部から登用されることになる．そして，閉鎖型任用制が長期に続けられると，人事異動は一定のパターンをとるようになり，構成員は過去の人事異動パターンから将来

を予想するようになる．リーダー（エリート）の**キャリアパス (career pass)** は，当該組織がどの部局を重要視しているかを理解するうえで，組織を研究する者にとっては重要な情報源となる．

　キャリアパスの分析は，標本数が少なければ定性的に分析すればよい．しかし，中央官僚のキャリアパスや自民党国会議員のキャリアパスのように把握しきれないほどの情報がある場合，定性的な分析では限界がある．そこで，前役職を行，現役職を列とし，セルの値を異動者総数とする類似度行列をつくり，定量的に分析するという方法もある．「人事異動のパターンが多い＝当該役職間の距離が近い（異動する確率が高い）」と見なすのである．類似度行列ができれば，クラスター分析や数量化 IV 類，多次元尺度構成法を用いた考察が可能になる．

　ただし，類似度行列を用いたキャリアパスの分析は，「人事異動は前例主義に則っている」という前提条件をおいているので注意が必要である．

練習課題

・曽我謙悟・待鳥聡史『日本の地方政治』（名古屋大学出版会，2007）を参考に，日本の現在の知事の属性データを集め，彼らがどのように分類できるか，クラスター分析を行ってみなさい．
・上神貴佳・堤英敬『民主党の組織と政策』（東洋経済新報社，2011）を参考に，民主党国会議員の属性データを集め，彼らがどのように分類できるか，クラスター分析を行ってみなさい．

12

時系列分析

　予算が前年度実績を基本とし，それにどれだけ上積みされるのかを重視した分析モデルを，**増分主義 (incrementalism)** モデルという．増分主義は，リンドブロム (C.E. Lindblom) が合理的政策形成モデルを批判する過程で登場した，現実から帰納的に導き出されたモデルである．

　予算編成は一から行われるのではなく，前年度を基本と考えることは非常に合理的である．なぜなら，予算編成部局が事業予算1つ1つを丁寧に精査することは，物理的かつ時間的に容易ではないからである．また，人件費や公債費などといった経常的な予算は現在の状況から予想しやすく，前年度から方針転換した部分に予算編成にかかるエネルギーを集中させていると考えたほうが現実的でもある．

　事実，日本の予算編成を理解するうえでの1つのキーワードとして，「シーリング」，「キャップ制」があり，これらの言葉は「次年度の予算は現在の予算を踏襲してつくられる」という事実を示している．ceil は「天井を張る」という意味であり，シーリングは，予算が青天井にならないよう上限をはめることを意味する．キャップ制という言葉も，予算の上昇に「帽子 (cap) をかぶせる」という比喩から生じた言葉である．これらの用語を式で表現すれば，今年度の予算 B_t は，前年度の予算 B_{t-1} に変動分 α_t が加わった式となる．

$$B_t = B_{t-1} + \alpha_t. \tag{12.1}$$

　分析の単位を「時間」とする統計分析のことを，**時系列分析 (time series**

analysis) という．時系列分析は経済学・財政学では幅広く行われているが，政治学の分野での時系列分析はきわめて限定的である．それは，時系列的に分析できる対象が限られているからである．また時系列データが十分に蓄積されていないという背景もある．

最近は，世論調査データセットの蓄積が進んだ結果，三宅・西澤 他の『55年体制下の政治と経済』（木鐸社，2001）のような政治意識の時系列的検討が，可能になりつつある．

本章では時系列分析の政治学への応用を意識しながら，そのさわりの部分を紹介することにする．関心がある読者は，計量経済学の教科書等を読んでみるとよいだろう．

12.1 時系列データを扱う際の留意点

経済や財政の時系列データは公開されている場合が多く，年次データだけではなく月次データなども充実している．しかしながら，政治学の時系列データはきわめて限定的であり，年次データしかないという場合も少なくない．これは，「政治学の分野で時系列分析を行うためにはデータを自ら集めなければならず，それに加えて，統計分析に耐え得る標本数を確保しなければならない」ということを意味している．そのため，政治学で時系列分析を行う際，まず立ちはだかるのは，「データセット作成の壁」である．

データセットを作成する際，次の点に注意を払う必要がある．「指標の名前が同じであっても，その指標を作成する元データの収集方法や基準が大きく変化している場合がある」という点である．政治学の分野で時系列分析を行う際には，元となるデータがどのように収集されたのか，必ず確認するようにしたい．

経済時系列データ Y は，長期的なトレンド T，循環変動 C，季節変動 S，そして不規則変動 I が合成したものと考えられている．式で表すと，

$$Y = T + C + S + I, \qquad (12.2)$$

もしくは，

$$Y = T \times C \times S \times I \qquad (12.3)$$

となる[1].

経済時系列データの分析では季節変動は関心の外にあるので、**移動平均法 (moving average method)** などで季節変動要素は取り除かれてしまう場合が多い。実際、政府が作成・公表している経済時系列データのほとんどは、**季節調整 (seasonal adjustment)** が行われた値である。

しかしながら、**政治的景気循環 (political business cycle)** 仮説のように、政治学では循環構造の有無を確認すること自体が研究課題になる場合がある。そのため、経済時系列データのような、分析前のデータの加工は基本的には行われないし、行うこともほぼないだろう[2].

12.2 自己相関係数

12.2.1 自己相関係数の概要

本章の冒頭に登場した増分主義を統計分析的に考えると、今年度の予算は昨年度の予算の影響を受けているということになる。これは、「今年度の予算が従属変数とすれば、独立変数は昨年度、すなわち従属変数の1期前の値である」といっていることに等しい。この対応を表示すれば、表12.1のようになる。

表 12.1 増分主義における従属変数と独立変数の関係

時点	1	2	3	4	5	6	...	t	$(t+1)$
原系列（従属変数）	B_1	B_2	B_3	B_4	B_5	B_6	...	B_t	—
1期前（独立変数）	—	B_1	B_2	B_3	B_4	B_5	...	B_{t-1}	B_t

昨年度の予算は一昨年度の予算の影響を受けているから、今年度の予算は前々年度の予算とも関連性があるということができる。そうして考えを進めると、「時系列データは、『数期遡ったデータとも関連性がある』と考えても差し支えない」ということになる。

---

[1] 式 (12.2) を**加法モデル (additive model)**、式 (12.3) を**乗法モデル (multiplicative model)** という。乗法モデルは、両辺の対数をとると加法モデルに帰着するので、違いはないといってよい。
[2] 財政変数と政治変数の時系列的検討を行うような際、財政データの値を、**GDP デフレータ (GDP deflator)** など用い、物価水準を反映した値に調整する場合もある。

政党支持率も同様に考えることができる．たとえば，現在の自民党の支持率が1期前の自民党の支持率と無縁ではないのは直感的に明らかであろうし，現在の政党支持率は過去の評価の積み重ねであると見なすことは間違いでない．

表 12.1 のような時系列データがあった場合，「原系列のデータ」と「数期前の[3]データ」の間で，**自己相関係数 (autocorrelation coefficient, ACF)** を算出することが可能である．t 期まで観測された時系列的変数 B があったとし，k 期前との自己相関係数 $r(k)$ を計算する式は次のとおりとなる（$\bar{B}$ は，B の平均値）．

$$r(k) = \frac{\sum_{i=k+1}^{t}(B_i - \bar{B})(B_{i-k} - \bar{B})}{\sum_{i=1}^{t}(B_i - \bar{B})^2}. \quad (12.4)$$

ただし，仮に B_t と B_{t-2} の自己相関係数が算出できたとしても，その値は B_{t-1} をはじめとする他の時期の影響を受けた値である．自己相関係数から他の時期の影響を排除して算出された値が**偏自己相関係数 (partial autocorrelation coefficient, PACF)** であり，偏自己相関係数の計算方法は，偏相関係数の計算と同じである．

なお，縦軸に自己相関係数（偏自己相関係数）の値を，横軸にラグをおいて描かれた図を**コレログラム (correlogram)** という．コレログラムは，**時系列モデル (time series model)** を推定するうえで重要な役割を果たすとされている[4]．

12.2.2 自己相関係数の計算

それでは実際のデータを用いて自己相関係数を算出し，コレログラムを作成してみよう．

例 12.1 自民党支持率の自己相関係数の算出

新聞各社はほぼ毎月世論調査を実施している．世論調査によって得られた自

---

[3] 2つの時系列データの期のズレを，**ラグ (lag)** という．
[4] 政治学の分野では経済学と異なり，将来予測に対する関心は乏しく，モデルの説明力よりも政治的変数のインパクトのほうに意識が向かう傾向がある．そのため，コレログラムを見て妥当な時系列モデルを推定するという作業を，初学者が行うことはない．

140　第 12 章　時系列分析

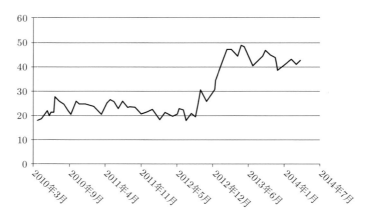

図 12.1　自民党支持率（共同通信）の変動

民党支持率のデータを用いて，その自己相関係数を算出し，コレログラムを作成しなさい．

　過去に比較して，近年は新聞各社が過去記事のデータベース[5]）を構築したこともあり，世論調査の結果を収集することは容易になった．以前は，新聞の縮刷版等を繰りながら書き写すのが基本であったが，今は検索機能を使えばすぐに目当てのデータにたどり着くことができる[6]）．ここでは，共同通信社が 2010 年 4 月～2014 年 3 月に行った世論調査をもとに作成した時系列データセットを用いることにする．時系列データは，横軸を時間とする折れ線グラフで表現することができる．2010 年 4 月～2014 年 3 月までの自民党支持率の変動は，図 12.1 のとおりである．

　折れ線グラフをつくるだけで，中長期的な傾向を把握することができる．自民党支持率は民主党に政権を奪われて以降，20～30％の間を推移していたが，2012 年 12 月の衆議院議員選挙後，支持率は 40％台に急上昇している．政権与

---

[5]）たとえば，ヨミダス歴史館（読売新聞），聞蔵 II ビジュアル（朝日新聞），毎索（毎日新聞），日経テレコン 21 など．大学図書館のなかにはこれらのデータベースに学内からアクセスできる契約を結んでいるところもある．

[6]）Real Politics Japan のホームページには，各メディアが実施した世論調査の結果が紹介されているので参考になる (http://www.realpolitics.jp/)．

表 12.2 自己相関係数の値

ラグ	自己相関	標準誤差
1	0.919	0.125
2	0.866	0.124
3	0.805	0.123
4	0.748	0.122
5	0.683	0.121
6	0.613	0.120
7	0.514	0.119
8	0.438	0.117
9	0.371	0.116
10	0.300	0.115
11	0.236	0.114
12	0.173	0.113
13	0.105	0.112
14	0.032	0.111
15	−0.031	0.109
16	−0.089	0.108

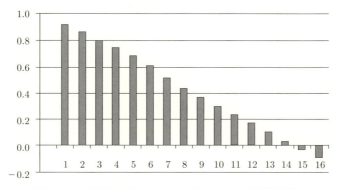

図 12.2 自民党支持率のコレログラム（自己相関係数）

党であったのにもかかわらず，民主党が大量の離党者を出してしまったことや，みんなの党や日本維新の会が非自民・非民主の受け皿になりきれなかったことが，自民党支持率の急上昇の背景にはあると考えられる．

　SPSSを用いて自民党支持率の自己相関係数を算出した結果が，表12.2である．表12.2および図12.2を見ると，1期前との自己相関係数の値は0.9を超えるほど高く，期を遡れば遡るほどその値は漸減していることが確認できる．周期性があるような場合，コレログラムはこのような形状にはならない．なぜな

ら，周期性があるとその周期ごとに自己相関係数が高くなり，波を打つような形状になるからである．

12.3 時系列モデル

12.3.1 自己回帰モデル

自民党支持率の動態を分析しようとした際，自民党支持率だけの情報を使って分析するモデルは，**1 変量時系列モデル (univariate time series model)** である．1 変量モデルの応用例として最もポピュラーなのが 1 次の**自己回帰モデル (autoregressive model)** であり，しばしば AR(1) と略される．AR(1) を式で表すと，次のようになる．

$$y_t = \mu + \varphi_1 y_{t-1} + \varepsilon_t. \tag{12.5}$$

式 (12.5) は，現時点での確率変数 y_t が，定数 μ と 1 期前の過去の値 $\varphi_1 y_{t-1}$，そして過去の情報では説明できない誤差項 ε_t で成り立っていることを示しており，すでに学習した回帰モデルと見なすことができる．そのため，最小二乗法によって母数を推定することは可能である[7]．

自己回帰モデルを一般化した式は，式 (12.6) のとおりであり，p 次の自己回帰モデル（AR(p) と略）と呼ばれる．

$$y_t = \mu + \varphi_1 y_{t-1} + \varphi_2 y_{t-2} + \cdots + \varphi_p y_{t-p} + \varepsilon_t. \tag{12.6}$$

政党の支持率は過去の影響も受けるが，その時期の政治環境に大きく左右されると考えるのが妥当である．たとえば，選挙の時期が近づくと，支持する政党がないという回答は減る傾向があるといわれているが，この仮説を 1 変量時系列モデルで検証することは不可能である．独立変数に，選挙時期に関するダミー変数等を加えて検証しなくてはならない．

独立変数に従属変数の過去値以外の変数も加える時系列モデルは，**多変量時系列モデル (multivariate time series model)** と呼ばれる．経済学と異なり，政治学は将来予測にそれほど関心はない．むしろ政治的な決断や政治環境の変

---

[7] 自己回帰モデルは独立変数が従属変数の過去値なので，標本数がある程度必要といわれている．

化によって，時系列データの変動は影響を受けたのか否かに関心がある．そのため，政治学における時系列分析は，基本的に多変量時系列モデルで分析するものと思ったほうがよい．

12.3.2 ボックス・ジェンキンス法

経済時系列データで将来予測を行いたい場合，自己回帰部分と移動平均部分で構成された**自己回帰移動平均モデル** (autoregressive moving average model, $ARMA(p,q)$[8]) を作成し，そのモデルのなかから現実の時系列データに最も当てはまるものを選ぶという方法がある．このアプローチを，提唱者の名をとって**ボックス・ジェンキンス法** (Box-Jenkins approach) という．この方法には，研究者の仮説を検証するというよりも将来を予測することに主眼があり，研究者は $ARMA(1,0)$ や $ARMA(0,1)$，$ARMA(1,1)$ などのモデルにデータに当てはめ，検討を行うのである．

ただ，繰り返しになるが，政治学では将来予測の関心は低い．初学者が $ARMA(p,q)$ モデルを駆使して政治学的な分析をすることはほぼない．

──────── コラム（生存分析）────────

生存分析 (survival analysis) という分析手法がある．生存分析は，生物の生存期間や機械の寿命を検討するうえで有用な手法であり，**カプラン・マイアー法** (Kaplan-Meier method) や**コックスの比例ハザードモデル** (Cox's proportional hazards model) などが，これに該当する．特に後者は，線形回帰を生存時間の分析に応用したものであり，偽薬効果の測定等に用いられている．

生存分析を政治現象の分析に用いることは，それほど難しいことではない．「政治生命が絶たれた」といった比喩が政治の現場では交わされることが多いことから，政治家の再選・引退の研究に生存分析を応用することができると容易に気づく．また，増山 (2003) や福元 (2007) は生存分析を使って国会の立法過程についての分析を行っている．これらの文献には分析手法も書かれているので，関心がある読者は，図書館で借りるなどして目を通してみるとよいだろう．

---

[8] 時系列データが定常的な挙動を示していない場合は，階差を考慮した**自己回帰和分移動平均モデル** (autoregressive integrated moving average model, $ARIMA(p,d,q)$) が用いられる．なお，p は自己回帰の次数，q は移動平均の次数，d は階差の次数である．

練習課題

- 1980年代の社会党支持率の時系列データを作成し，例12.1を参考にして自己相関係数を算出し，コレログラムを作成してみなさい．

レジュメ作成

- 川人貞史『日本の政党政治 1890–1937 年』（東京大学出版会，1992）第1章を読み，政党政治の時系列的把握のポイントを考えながら，レジュメを作成しなさい．
- 樋渡展洋・斉藤淳（編）『政党政治の混迷と政権交代』（東京大学出版会，2011）第10章を読み，筆者が内閣支持率と与党支持率の関係をどのように捉えているか意識し，レジュメを作成しなさい．

付表 A 標準正規分布

$$I(z) = \frac{1}{\sqrt{2\pi}} \int_0^z e^{-x^2/2} dx$$

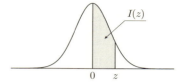

z	0.00	0.01	0.02	0.03	0.04	0.05	0.06	0.07	0.08	0.09
0.0	0.00000	0.00399	0.00798	0.01197	0.01595	0.01994	0.02392	0.02790	0.03188	0.03586
0.1	0.03983	0.04380	0.04776	0.05172	0.05567	0.05962	0.06356	0.06749	0.07142	0.07535
0.2	0.07926	0.08317	0.08706	0.09095	0.09483	0.09871	0.10257	0.10642	0.11026	0.11409
0.3	0.11791	0.12172	0.12552	0.12930	0.13307	0.13683	0.14058	0.14431	0.14803	0.15173
0.4	0.15542	0.15910	0.16276	0.16640	0.17003	0.17364	0.17724	0.18082	0.18439	0.18793
0.5	0.19146	0.19497	0.19847	0.20194	0.20540	0.20884	0.21226	0.21566	0.21904	0.22240
0.6	0.22575	0.22907	0.23237	0.23565	0.23891	0.24215	0.24537	0.24857	0.25175	0.25490
0.7	0.25804	0.26115	0.26424	0.26730	0.27035	0.27337	0.27637	0.27935	0.28230	0.28524
0.8	0.28814	0.29103	0.29389	0.29673	0.29955	0.30234	0.30511	0.30785	0.31057	0.31327
0.9	0.31594	0.31859	0.32121	0.32381	0.32639	0.32894	0.33147	0.33398	0.33646	0.33891
1.0	0.34134	0.34375	0.34614	0.34849	0.35083	0.35314	0.35543	0.35769	0.35993	0.36214
1.1	0.36433	0.36650	0.36864	0.37076	0.37286	0.37493	0.37698	0.37900	0.38100	0.38298
1.2	0.38493	0.38686	0.38877	0.39065	0.39251	0.39435	0.39617	0.39796	0.39973	0.40147
1.3	0.40320	0.40490	0.40658	0.40824	0.40988	0.41149	0.41309	0.41466	0.41621	0.41774
1.4	0.41924	0.42073	0.42220	0.42364	0.42507	0.42647	0.42785	0.42922	0.43056	0.43189
1.5	0.43319	0.43448	0.43574	0.43699	0.43822	0.43943	0.44062	0.44179	0.44295	0.44408
1.6	0.44520	0.44630	0.44738	0.44845	0.44950	0.45053	0.45154	0.45254	0.45352	0.45449
1.7	0.45543	0.45637	0.45728	0.45818	0.45907	0.45994	0.46080	0.46164	0.46246	0.46327
1.8	0.46407	0.46485	0.46562	0.46638	0.46712	0.46784	0.46856	0.46926	0.46995	0.47062
1.9	0.47128	0.47193	0.47257	0.47320	0.47381	0.47441	0.47500	0.47558	0.47615	0.47670
2.0	0.47725	0.47778	0.47831	0.47882	0.47932	0.47982	0.48030	0.48077	0.48124	0.48169
2.1	0.48214	0.48257	0.48300	0.48341	0.48382	0.48422	0.48461	0.48500	0.48537	0.48574
2.2	0.48610	0.48645	0.48679	0.48713	0.48745	0.48778	0.48809	0.48840	0.48870	0.48899
2.3	0.48928	0.48956	0.48983	0.49010	0.49036	0.49061	0.49086	0.49111	0.49134	0.49158
2.4	0.49180	0.49202	0.49224	0.49245	0.49266	0.49286	0.49305	0.49324	0.49343	0.49361
2.5	0.49379	0.49396	0.49413	0.49430	0.49446	0.49461	0.49477	0.49492	0.49506	0.49520
2.6	0.49534	0.49547	0.49560	0.49573	0.49585	0.49598	0.49609	0.49621	0.49632	0.49643
2.7	0.49653	0.49664	0.49674	0.49683	0.49693	0.49702	0.49711	0.49720	0.49728	0.49736
2.8	0.49744	0.49752	0.49760	0.49767	0.49774	0.49781	0.49788	0.49795	0.49801	0.49807
2.9	0.49813	0.49819	0.49825	0.49831	0.49836	0.49841	0.49846	0.49851	0.49856	0.49861
3.0	0.49865	0.49869	0.49874	0.49878	0.49882	0.49886	0.49889	0.49893	0.49896	0.49900
3.1	0.49903	0.49906	0.49910	0.49913	0.49916	0.49918	0.49921	0.49924	0.49926	0.49929
3.2	0.49931	0.49934	0.49936	0.49938	0.49940	0.49942	0.49944	0.49946	0.49948	0.49950
3.3	0.49952	0.49953	0.49955	0.49957	0.49958	0.49960	0.49961	0.49962	0.49964	0.49965
3.4	0.49966	0.49968	0.49969	0.49970	0.49971	0.49972	0.49973	0.49974	0.49975	0.49976
3.5	0.49977	0.49978	0.49978	0.49979	0.49980	0.49981	0.49981	0.49982	0.49983	0.49983

上側 α 点

α	0.500	0.400	0.300	0.200	0.100	0.050	0.025	0.010	0.005	0.001
$z(\alpha)$	0.000	0.253	0.524	0.842	1.282	1.645	1.960	2.326	2.576	3.090

付表B　カイ2乗分布

自由度 n のカイ2乗分布の上側 α 点

$$P(\chi^2 \geq \chi_n^2(\alpha)) = \alpha$$

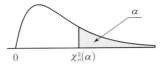

n \ α	0.995	0.990	0.975	0.950	0.050	0.025	0.010	0.005
1	$0.0^4 393$	$0.0^3 157$	$0.0^3 982$	$0.0^2 393$	3.8415	5.0239	6.6349	7.8794
2	0.0100	0.0201	0.0506	0.1026	5.9915	7.3778	9.2103	10.5966
3	0.0717	0.1148	0.2158	0.3518	7.8147	9.3484	11.3449	12.8382
4	0.2070	0.2971	0.4844	0.7107	9.4877	11.1433	13.2767	14.8603
5	0.4117	0.5543	0.8312	1.1455	11.0705	12.8325	15.0863	16.7496
6	0.6757	0.8721	1.2373	1.6354	12.5916	14.4494	16.8119	18.5476
7	0.9893	1.2390	1.6899	2.1673	14.0671	16.0128	18.4753	20.2777
8	1.3444	1.6465	2.1797	2.7326	15.5073	17.5345	20.0902	21.9550
9	1.7349	2.0879	2.7004	3.3251	16.9190	19.0228	21.6660	23.5894
10	2.1559	2.5582	3.2470	3.9403	18.3070	20.4832	23.2093	25.1882
11	2.6032	3.0535	3.8157	4.5748	19.6751	21.9200	24.7250	26.7568
12	3.0738	3.5706	4.4038	5.2260	21.0261	23.3367	26.2170	28.2995
13	3.5650	4.1069	5.0088	5.8919	22.3620	24.7356	27.6882	29.8195
14	4.0747	4.6604	5.6287	6.5706	23.6848	26.1189	29.1412	31.3193
15	4.6009	5.2293	6.2621	7.2609	24.9958	27.4884	30.5779	32.8013
16	5.1422	5.8122	6.9077	7.9616	26.2962	28.8454	31.9999	34.2672
17	5.6972	6.4078	7.5642	8.6718	27.5871	30.1910	33.4087	35.7185
18	6.2648	7.0149	8.2307	9.3905	28.8693	31.5264	34.8053	37.1565
19	6.8440	7.6327	8.9065	10.1170	30.1435	32.8523	36.1909	38.5823
20	7.4338	8.2604	9.5908	10.8508	31.4104	34.1696	37.5662	39.9968
21	8.0337	8.8972	10.2829	11.5913	32.6706	35.4789	38.9322	41.4011
22	8.6427	9.5425	10.9823	12.3380	33.9244	36.7807	40.2894	42.7957
23	9.2604	10.1957	11.6886	13.0905	35.1725	38.0756	41.6384	44.1813
24	9.8862	10.8564	12.4012	13.8484	36.4150	39.3641	42.9798	45.5585
25	10.5197	11.5240	13.1197	14.6114	37.6525	40.6465	44.3141	46.9279
26	11.1602	12.1981	13.8439	15.3792	38.8851	41.9232	45.6417	48.2899
27	11.8076	12.8785	14.5734	16.1514	40.1133	43.1945	46.9629	49.6449
28	12.4613	13.5647	15.3079	16.9279	41.3371	44.4608	48.2782	50.9934
29	13.1211	14.2565	16.0471	17.7084	42.5570	45.7223	49.5879	52.3356
30	13.7867	14.9535	16.7908	18.4927	43.7730	46.9792	50.8922	53.6720
40	20.7065	22.1643	24.4330	26.5093	55.7585	59.3417	63.6907	66.7660
50	27.9907	29.7067	32.3574	34.7643	67.5048	71.4202	76.1539	79.4900
60	35.5345	37.4849	40.4817	43.1880	79.0819	83.2977	88.3794	91.9517
70	43.2752	45.4417	48.7576	51.7393	90.5312	95.0232	100.4252	104.2149
80	51.1719	53.5401	57.1532	60.3915	101.8795	106.6286	112.3288	116.3211
90	59.1963	61.7541	65.6466	69.1260	113.1453	118.1359	124.1163	128.2989
100	67.3276	70.0649	74.2219	77.9295	124.3421	129.5612	135.8067	140.1695

付表 C t 分布

自由度 n の t 分布の上側 α 点

$$P(t \geq t_n(\alpha)) = \alpha$$

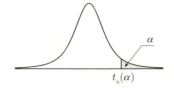

α \ n	0.250	0.200	0.150	0.100	0.050	0.025	0.010	0.005	0.001
1	1.00000	1.37638	1.96261	3.07768	6.31375	12.70620	31.82052	63.65674	318.30884
2	0.81650	1.06066	1.38621	1.88562	2.91999	4.30265	6.96456	9.92484	22.32712
3	0.76489	0.97847	1.24978	1.63774	2.35336	3.18245	4.54070	5.84091	10.21453
4	0.74070	0.94096	1.18957	1.53321	2.13185	2.77645	3.74695	4.60409	7.17318
5	0.72669	0.91954	1.15577	1.47588	2.01505	2.57058	3.36493	4.03214	5.89343
6	0.71756	0.90570	1.13416	1.43976	1.94318	2.44691	3.14267	3.70743	5.20763
7	0.71114	0.89603	1.11916	1.41492	1.89458	2.36462	2.99795	3.49948	4.78529
8	0.70639	0.88889	1.10815	1.39682	1.85955	2.30600	2.89646	3.35539	4.50079
9	0.70272	0.88340	1.09972	1.38303	1.83311	2.26216	2.82144	3.24984	4.29681
10	0.69981	0.87906	1.09306	1.37218	1.81246	2.22814	2.76377	3.16927	4.14370
11	0.69745	0.87553	1.08767	1.36343	1.79588	2.20099	2.71808	3.10581	4.02470
12	0.69548	0.87261	1.08321	1.35622	1.78229	2.17881	2.68100	3.05454	3.92963
13	0.69383	0.87015	1.07947	1.35017	1.77093	2.16037	2.65031	3.01228	3.85198
14	0.69242	0.86805	1.07628	1.34503	1.76131	2.14479	2.62449	2.97684	3.78739
15	0.69120	0.86624	1.07353	1.34061	1.75305	2.13145	2.60248	2.94671	3.73283
16	0.69013	0.86467	1.07114	1.33676	1.74588	2.11991	2.58349	2.92078	3.68615
17	0.68920	0.86328	1.06903	1.33338	1.73961	2.10982	2.56693	2.89823	3.64577
18	0.68836	0.86205	1.06717	1.33039	1.73406	2.10092	2.55238	2.87844	3.61048
19	0.68762	0.86095	1.06551	1.32773	1.72913	2.09302	2.53948	2.86093	3.57940
20	0.68695	0.85996	1.06402	1.32534	1.72472	2.08596	2.52798	2.84534	3.55181
21	0.68635	0.85907	1.06267	1.32319	1.72074	2.07961	2.51765	2.83136	3.52715
22	0.68581	0.85827	1.06145	1.32124	1.71714	2.07387	2.50832	2.81876	3.50499
23	0.68531	0.85753	1.06034	1.31946	1.71387	2.06866	2.49987	2.80734	3.48496
24	0.68485	0.85686	1.05932	1.31784	1.71088	2.06390	2.49216	2.79694	3.46678
25	0.68443	0.85624	1.05838	1.31635	1.70814	2.05954	2.48511	2.78744	3.45019
26	0.68404	0.85567	1.05752	1.31497	1.70562	2.05553	2.47863	2.77871	3.43500
27	0.68368	0.85514	1.05673	1.31370	1.70329	2.05183	2.47266	2.77068	3.42103
28	0.68335	0.85465	1.05599	1.31253	1.70113	2.04841	2.46714	2.76326	3.40816
29	0.68304	0.85419	1.05530	1.31143	1.69913	2.04523	2.46202	2.75639	3.39624
30	0.68276	0.85377	1.05466	1.31042	1.69726	2.04227	2.45726	2.75000	3.38518
35	0.68156	0.85201	1.05202	1.30621	1.68957	2.03011	2.43772	2.72381	3.34005
40	0.68067	0.85070	1.05005	1.30308	1.68385	2.02108	2.42326	2.70446	3.30688
45	0.67998	0.84968	1.04852	1.30065	1.67943	2.01410	2.41212	2.68959	3.28148
50	0.67943	0.84887	1.04729	1.29871	1.67591	2.00856	2.40327	2.67779	3.26141
∞	0.67449	0.84162	1.03643	1.28155	1.64485	1.95996	2.32635	2.57583	3.09023

$n = \infty$ は標準正規分布である.

付表 D　F 分布

自由度 (n_1, n_2) の F 分布の上側 α 点

$$P(F \geq F_{n_2}^{n_1}(\alpha)) = \alpha$$

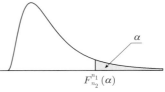

$\alpha = 0.01$

n_2\n_1	1	2	3	4	5	6	7	8	9
1	4052.18	4999.50	5403.35	5624.58	5763.65	5858.99	5928.36	5981.07	6022.47
2	98.5025	99.0000	99.1662	99.2494	99.2993	99.3326	99.3564	99.3742	99.3881
3	34.1162	30.8165	29.4567	28.7099	28.2371	27.9107	27.6717	27.4892	27.3452
4	21.1977	18.0000	16.6944	15.9770	15.5219	15.2069	14.9758	14.7989	14.6591
5	16.2582	13.2739	12.0600	11.3919	10.9670	10.6723	10.4555	10.2893	10.1578
6	13.7450	10.9248	9.7795	9.1483	8.7459	8.4661	8.2600	8.1017	7.9761
7	12.2464	9.5466	8.4513	7.8466	7.4604	7.1914	6.9928	6.8400	6.7188
8	11.2586	8.6491	7.5910	7.0061	6.6318	6.3707	6.1776	6.0289	5.9106
9	10.5614	8.0215	6.9919	6.4221	6.0569	5.8018	5.6129	5.4671	5.3511
10	10.0443	7.5594	6.5523	5.9943	5.6363	5.3858	5.2001	5.0567	4.9424
11	9.6460	7.2057	6.2167	5.6683	5.3160	5.0692	4.8861	4.7445	4.6315
12	9.3302	6.9266	5.9525	5.4120	5.0643	4.8206	4.6395	4.4994	4.3875
13	9.0738	6.7010	5.7394	5.2053	4.8616	4.6204	4.4410	4.3021	4.1911
14	8.8616	6.5149	5.5639	5.0354	4.6950	4.4558	4.2779	4.1399	4.0297
15	8.6831	6.3589	5.4170	4.8932	4.5556	4.3183	4.1415	4.0045	3.8948
16	8.5310	6.2262	5.2922	4.7726	4.4374	4.2016	4.0259	3.8896	3.7804
17	8.3997	6.1121	5.1850	4.6690	4.3359	4.1015	3.9267	3.7910	3.6822
18	8.2854	6.0129	5.0919	4.5790	4.2479	4.0146	3.8406	3.7054	3.5971
19	8.1849	5.9259	5.0103	4.5003	4.1708	3.9386	3.7653	3.6305	3.5225
20	8.0960	5.8489	4.9382	4.4307	4.1027	3.8714	3.6987	3.5644	3.4567
22	7.9454	5.7190	4.8166	4.3134	3.9880	3.7583	3.5867	3.4530	3.3458
24	7.8229	5.6136	4.7181	4.2184	3.8951	3.6667	3.4959	3.3629	3.2560
26	7.7213	5.5263	4.6366	4.1400	3.8183	3.5911	3.4210	3.2884	3.1818
28	7.6356	5.4529	4.5681	4.0740	3.7539	3.5276	3.3581	3.2259	3.1195
30	7.5625	5.3903	4.5097	4.0179	3.6990	3.4735	3.3045	3.1726	3.0665
32	7.4993	5.3363	4.4594	3.9695	3.6517	3.4269	3.2583	3.1267	3.0208
34	7.4441	5.2893	4.4156	3.9273	3.6106	3.3863	3.2182	3.0868	2.9810
36	7.3956	5.2479	4.3771	3.8903	3.5744	3.3507	3.1829	3.0517	2.9461
38	7.3525	5.2112	4.3430	3.8575	3.5424	3.3191	3.1516	3.0207	2.9151
40	7.3141	5.1785	4.3126	3.8283	3.5138	3.2910	3.1238	2.9930	2.8876
45	7.2339	5.1103	4.2492	3.7674	3.4544	3.2325	3.0658	2.9353	2.8301
50	7.1706	5.0566	4.1993	3.7195	3.4077	3.1864	3.0202	2.8900	2.7850
60	7.0771	4.9774	4.1259	3.6490	3.3389	3.1187	2.9530	2.8233	2.7185
70	7.0114	4.9219	4.0744	3.5996	3.2907	3.0712	2.9060	2.7765	2.6719
80	6.9627	4.8807	4.0363	3.5631	3.2550	3.0361	2.8713	2.7420	2.6374
90	6.9251	4.8491	4.0070	3.5350	3.2276	3.0091	2.8445	2.7154	2.6109
100	6.8953	4.8239	3.9837	3.5127	3.2059	2.9877	2.8233	2.6943	2.5898
∞	6.6349	4.6052	3.7816	3.3192	3.0173	2.8020	2.6393	2.5113	2.4073

付表 D　F 分布

$\alpha = 0.01$

10	15	20	25	30	35	40	50	100	∞
6055.85	6157.28	6208.73	6239.83	6260.65	6275.57	6286.78	6302.52	6334.11	6365.86
99.3992	99.4325	99.4492	99.4592	99.4658	99.4706	99.4742	99.4792	99.4892	99.4992
27.2287	26.8722	26.6898	26.5790	26.5045	26.4511	26.4108	26.3542	26.2402	26.1252
14.5459	14.1982	14.0196	13.9109	13.8377	13.7850	13.7454	13.6896	13.5770	13.4631
10.0510	9.7222	9.5526	9.4491	9.3793	9.3291	9.2912	9.2378	9.1299	9.0204
7.8741	7.5590	7.3958	7.2960	7.2285	7.1799	7.1432	7.0915	6.9867	6.8800
6.6201	6.3143	6.1554	6.0580	5.9920	5.9444	5.9084	5.8577	5.7547	5.6495
5.8143	5.5151	5.3591	5.2631	5.1981	5.1512	5.1156	5.0654	4.9633	4.8588
5.2565	4.9621	4.8080	4.7130	4.6486	4.6020	4.5666	4.5167	4.4150	4.3105
4.8491	4.5581	4.4054	4.3111	4.2469	4.2005	4.1653	4.1155	4.0137	3.9090
4.5393	4.2509	4.0990	4.0051	3.9411	3.8948	3.8596	3.8097	3.7077	3.6024
4.2961	4.0096	3.8584	3.7647	3.7008	3.6544	3.6192	3.5692	3.4668	3.3608
4.1003	3.8154	3.6646	3.5710	3.5070	3.4606	3.4253	3.3752	3.2723	3.1654
3.9394	3.6557	3.5052	3.4116	3.3476	3.3010	3.2656	3.2153	3.1118	3.0040
3.8049	3.5222	3.3719	3.2782	3.2141	3.1674	3.1319	3.0814	2.9772	2.8684
3.6909	3.4089	3.2587	3.1650	3.1007	3.0539	3.0182	2.9675	2.8627	2.7528
3.5931	3.3117	3.1615	3.0676	3.0032	2.9563	2.9205	2.8694	2.7639	2.6530
3.5082	3.2273	3.0771	2.9831	2.9185	2.8714	2.8354	2.7841	2.6779	2.5660
3.4338	3.1533	3.0031	2.9089	2.8442	2.7969	2.7608	2.7093	2.6023	2.4893
3.3682	3.0880	2.9377	2.8434	2.7785	2.7310	2.6947	2.6430	2.5353	2.4212
3.2576	2.9779	2.8274	2.7328	2.6675	2.6197	2.5831	2.5308	2.4217	2.3055
3.1681	2.8887	2.7380	2.6430	2.5773	2.5292	2.4923	2.4395	2.3291	2.2107
3.0941	2.8150	2.6640	2.5686	2.5026	2.4542	2.4170	2.3637	2.2519	2.1315
3.0320	2.7530	2.6017	2.5060	2.4397	2.3909	2.3535	2.2997	2.1867	2.0642
2.9791	2.7002	2.5487	2.4526	2.3860	2.3369	2.2992	2.2450	2.1307	2.0062
2.9335	2.6546	2.5029	2.4065	2.3395	2.2902	2.2523	2.1976	2.0821	1.9557
2.8938	2.6150	2.4629	2.3662	2.2990	2.2494	2.2112	2.1562	2.0396	1.9113
2.8589	2.5801	2.4278	2.3308	2.2633	2.2135	2.1751	2.1197	2.0019	1.8718
2.8281	2.5492	2.3967	2.2994	2.2317	2.1816	2.1430	2.0872	1.9684	1.8365
2.8005	2.5216	2.3689	2.2714	2.2034	2.1531	2.1142	2.0581	1.9383	1.8047
2.7432	2.4642	2.3109	2.2129	2.1443	2.0934	2.0542	1.9972	1.8751	1.7374
2.6981	2.4190	2.2652	2.1667	2.0976	2.0463	2.0066	1.9490	1.8248	1.6831
2.6318	2.3523	2.1978	2.0984	2.0285	1.9764	1.9360	1.8772	1.7493	1.6006
2.5852	2.3055	2.1504	2.0503	1.9797	1.9271	1.8861	1.8263	1.6954	1.5404
2.5508	2.2709	2.1153	2.0146	1.9435	1.8904	1.8489	1.7883	1.6548	1.4942
2.5243	2.2442	2.0882	1.9871	1.9155	1.8619	1.8201	1.7588	1.6231	1.4574
2.5033	2.2230	2.0666	1.9652	1.8933	1.8393	1.7972	1.7353	1.5977	1.4272
2.3209	2.0385	1.8783	1.7726	1.6964	1.6383	1.5923	1.5231	1.3581	1.0000

自由度 (n_1, n_2) の F 分布の上側 α 点

$$P(F \geq F_{n_2}^{n_1}(\alpha)) = \alpha$$

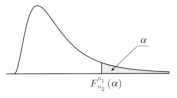

$\alpha = 0.025$

n_2 \ n_1	1	2	3	4	5	6	7	8	9
1	647.789	799.500	864.163	899.583	921.848	937.111	948.217	956.656	963.285
2	38.5063	39.0000	39.1655	39.2484	39.2982	39.3315	39.3552	39.3730	39.3869
3	17.4434	16.0441	15.4392	15.1010	14.8848	14.7347	14.6244	14.5399	14.4731
4	12.2179	10.6491	9.9792	9.6045	9.3645	9.1973	9.0741	8.9796	8.9047
5	10.0070	8.4336	7.7636	7.3879	7.1464	6.9777	6.8531	6.7572	6.6811
6	8.8131	7.2599	6.5988	6.2272	5.9876	5.8198	5.6955	5.5996	5.5234
7	8.0727	6.5415	5.8898	5.5226	5.2852	5.1186	4.9949	4.8993	4.8232
8	7.5709	6.0595	5.4160	5.0526	4.8173	4.6517	4.5286	4.4333	4.3572
9	7.2093	5.7147	5.0781	4.7181	4.4844	4.3197	4.1970	4.1020	4.0260
10	6.9367	5.4564	4.8256	4.4683	4.2361	4.0721	3.9498	3.8549	3.7790
11	6.7241	5.2559	4.6300	4.2751	4.0440	3.8807	3.7586	3.6638	3.5879
12	6.5538	5.0959	4.4742	4.1212	3.8911	3.7283	3.6065	3.5118	3.4358
13	6.4143	4.9653	4.3472	3.9959	3.7667	3.6043	3.4827	3.3880	3.3120
14	6.2979	4.8567	4.2417	3.8919	3.6634	3.5014	3.3799	3.2853	3.2093
15	6.1995	4.7650	4.1528	3.8043	3.5764	3.4147	3.2934	3.1987	3.1227
16	6.1151	4.6867	4.0768	3.7294	3.5021	3.3406	3.2194	3.1248	3.0488
17	6.0420	4.6189	4.0112	3.6648	3.4379	3.2767	3.1556	3.0610	2.9849
18	5.9781	4.5597	3.9539	3.6083	3.3820	3.2209	3.0999	3.0053	2.9291
19	5.9216	4.5075	3.9034	3.5587	3.3327	3.1718	3.0509	2.9563	2.8801
20	5.8715	4.4613	3.8587	3.5147	3.2891	3.1283	3.0074	2.9128	2.8365
22	5.7863	4.3828	3.7829	3.4401	3.2151	3.0546	2.9338	2.8392	2.7628
24	5.7166	4.3187	3.7211	3.3794	3.1548	2.9946	2.8738	2.7791	2.7027
26	5.6586	4.2655	3.6697	3.3289	3.1048	2.9447	2.8240	2.7293	2.6528
28	5.6096	4.2205	3.6264	3.2863	3.0626	2.9027	2.7820	2.6872	2.6106
30	5.5675	4.1821	3.5894	3.2499	3.0265	2.8667	2.7460	2.6513	2.5746
32	5.5311	4.1488	3.5573	3.2185	2.9953	2.8356	2.7150	2.6202	2.5434
34	5.4993	4.1197	3.5293	3.1910	2.9680	2.8085	2.6878	2.5930	2.5162
36	5.4712	4.0941	3.5047	3.1668	2.9440	2.7846	2.6639	2.5691	2.4922
38	5.4463	4.0713	3.4828	3.1453	2.9227	2.7633	2.6427	2.5478	2.4710
40	5.4239	4.0510	3.4633	3.1261	2.9037	2.7444	2.6238	2.5289	2.4519
45	5.3773	4.0085	3.4224	3.0860	2.8640	2.7048	2.5842	2.4892	2.4122
50	5.3403	3.9749	3.3902	3.0544	2.8327	2.6736	2.5530	2.4579	2.3808
60	5.2856	3.9253	3.3425	3.0077	2.7863	2.6274	2.5068	2.4117	2.3344
70	5.2470	3.8903	3.3090	2.9748	2.7537	2.5949	2.4743	2.3791	2.3017
80	5.2184	3.8643	3.2841	2.9504	2.7295	2.5708	2.4502	2.3549	2.2775
90	5.1962	3.8443	3.2649	2.9315	2.7109	2.5522	2.4316	2.3363	2.2588
100	5.1786	3.8284	3.2496	2.9166	2.6961	2.5374	2.4168	2.3215	2.2439
∞	5.0239	3.6889	3.1161	2.7858	2.5665	2.4082	2.2875	2.1918	2.1136

$\alpha = 0.025$

10	15	20	25	30	35	40	50	100	∞
968.627	984.867	993.103	998.081	1001.41	1003.80	1005.60	1008.12	1013.17	1018.26
39.3980	39.4313	39.4479	39.4579	39.4646	39.4693	39.4729	39.4779	39.4879	39.4979
14.4189	14.2527	14.1674	14.1155	14.0805	14.0554	14.0365	14.0099	13.9563	13.9021
8.8439	8.6565	8.5599	8.5010	8.4613	8.4327	8.4111	8.3808	8.3195	8.2573
6.6192	6.4277	6.3286	6.2679	6.2269	6.1973	6.1750	6.1436	6.0800	6.0153
5.4613	5.2687	5.1684	5.1069	5.0652	5.0352	5.0125	4.9804	4.9154	4.8491
4.7611	4.5678	4.4667	4.4045	4.3624	4.3319	4.3089	4.2763	4.2101	4.1423
4.2951	4.1012	3.9995	3.9367	3.8940	3.8632	3.8398	3.8067	3.7393	3.6702
3.9639	3.7694	3.6669	3.6035	3.5604	3.5292	3.5055	3.4719	3.4034	3.3329
3.7168	3.5217	3.4185	3.3546	3.3110	3.2794	3.2554	3.2214	3.1517	3.0798
3.5257	3.3299	3.2261	3.1616	3.1176	3.0856	3.0613	3.0268	2.9561	2.8828
3.3736	3.1772	3.0728	3.0077	2.9633	2.9309	2.9063	2.8714	2.7996	2.7249
3.2497	3.0527	2.9477	2.8821	2.8372	2.8046	2.7797	2.7443	2.6715	2.5955
3.1469	2.9493	2.8437	2.7777	2.7324	2.6994	2.6742	2.6384	2.5646	2.4872
3.0602	2.8621	2.7559	2.6894	2.6437	2.6104	2.5850	2.5488	2.4739	2.3953
2.9862	2.7875	2.6808	2.6138	2.5678	2.5342	2.5085	2.4719	2.3961	2.3163
2.9222	2.7230	2.6158	2.5484	2.5020	2.4681	2.4422	2.4053	2.3285	2.2474
2.8664	2.6667	2.5590	2.4912	2.4445	2.4103	2.3842	2.3468	2.2692	2.1869
2.8172	2.6171	2.5089	2.4408	2.3937	2.3593	2.3329	2.2952	2.2167	2.1333
2.7737	2.5731	2.4645	2.3959	2.3486	2.3139	2.2873	2.2493	2.1699	2.0853
2.6998	2.4984	2.3890	2.3198	2.2718	2.2366	2.2097	2.1710	2.0901	2.0032
2.6396	2.4374	2.3273	2.2574	2.2090	2.1733	2.1460	2.1067	2.0243	1.9353
2.5896	2.3867	2.2759	2.2054	2.1565	2.1205	2.0928	2.0530	1.9691	1.8781
2.5473	2.3438	2.2324	2.1615	2.1121	2.0757	2.0477	2.0073	1.9221	1.8291
2.5112	2.3072	2.1952	2.1237	2.0739	2.0372	2.0089	1.9681	1.8816	1.7867
2.4799	2.2754	2.1629	2.0910	2.0408	2.0037	1.9752	1.9339	1.8462	1.7495
2.4526	2.2476	2.1346	2.0623	2.0118	1.9744	1.9456	1.9039	1.8151	1.7166
2.4286	2.2231	2.1097	2.0370	1.9862	1.9485	1.9194	1.8773	1.7874	1.6873
2.4072	2.2014	2.0875	2.0145	1.9634	1.9254	1.8961	1.8536	1.7627	1.6609
2.3882	2.1819	2.0677	1.9943	1.9429	1.9047	1.8752	1.8324	1.7405	1.6371
2.3483	2.1412	2.0262	1.9521	1.9000	1.8613	1.8313	1.7876	1.6935	1.5864
2.3168	2.1090	1.9933	1.9186	1.8659	1.8267	1.7963	1.7520	1.6558	1.5452
2.2702	2.0613	1.9445	1.8687	1.8152	1.7752	1.7440	1.6985	1.5990	1.4821
2.2374	2.0277	1.9100	1.8334	1.7792	1.7386	1.7069	1.6604	1.5581	1.4357
2.2130	2.0026	1.8843	1.8071	1.7523	1.7112	1.6790	1.6318	1.5271	1.3997
2.1942	1.9833	1.8644	1.7867	1.7315	1.6899	1.6574	1.6095	1.5028	1.3710
2.1793	1.9679	1.8486	1.7705	1.7148	1.6729	1.6401	1.5917	1.4833	1.3473
2.0483	1.8326	1.7085	1.6259	1.5660	1.5201	1.4835	1.4284	1.2956	1.0000

付表

自由度 (n_1, n_2) の F 分布の上側 α 点

$$P(F \geq F_{n_2}^{n_1}(\alpha)) = \alpha$$

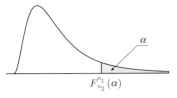

$\alpha = 0.05$

n_2＼n_1	1	2	3	4	5	6	7	8	9
1	161.448	199.500	215.707	224.583	230.162	233.986	236.768	238.883	240.543
2	18.5128	19.0000	19.1643	19.2468	19.2964	19.3295	19.3532	19.3710	19.3848
3	10.1280	9.5521	9.2766	9.1172	9.0135	8.9406	8.8867	8.8452	8.8123
4	7.7086	6.9443	6.5914	6.3882	6.2561	6.1631	6.0942	6.0410	5.9988
5	6.6079	5.7861	5.4095	5.1922	5.0503	4.9503	4.8759	4.8183	4.7725
6	5.9874	5.1433	4.7571	4.5337	4.3874	4.2839	4.2067	4.1468	4.0990
7	5.5914	4.7374	4.3468	4.1203	3.9715	3.8660	3.7870	3.7257	3.6767
8	5.3177	4.4590	4.0662	3.8379	3.6875	3.5806	3.5005	3.4381	3.3881
9	5.1174	4.2565	3.8625	3.6331	3.4817	3.3738	3.2927	3.2296	3.1789
10	4.9646	4.1028	3.7083	3.4780	3.3258	3.2172	3.1355	3.0717	3.0204
11	4.8443	3.9823	3.5874	3.3567	3.2039	3.0946	3.0123	2.9480	2.8962
12	4.7472	3.8853	3.4903	3.2592	3.1059	2.9961	2.9134	2.8486	2.7964
13	4.6672	3.8056	3.4105	3.1791	3.0254	2.9153	2.8321	2.7669	2.7144
14	4.6001	3.7389	3.3439	3.1122	2.9582	2.8477	2.7642	2.6987	2.6458
15	4.5431	3.6823	3.2874	3.0556	2.9013	2.7905	2.7066	2.6408	2.5876
16	4.4940	3.6337	3.2389	3.0069	2.8524	2.7413	2.6572	2.5911	2.5377
17	4.4513	3.5915	3.1968	2.9647	2.8100	2.6987	2.6143	2.5480	2.4943
18	4.4139	3.5546	3.1599	2.9277	2.7729	2.6613	2.5767	2.5102	2.4563
19	4.3807	3.5219	3.1274	2.8951	2.7401	2.6283	2.5435	2.4768	2.4227
20	4.3512	3.4928	3.0984	2.8661	2.7109	2.5990	2.5140	2.4471	2.3928
22	4.3009	3.4434	3.0491	2.8167	2.6613	2.5491	2.4638	2.3965	2.3419
24	4.2597	3.4028	3.0088	2.7763	2.6207	2.5082	2.4226	2.3551	2.3002
26	4.2252	3.3690	2.9752	2.7426	2.5868	2.4741	2.3883	2.3205	2.2655
28	4.1960	3.3404	2.9467	2.7141	2.5581	2.4453	2.3593	2.2913	2.2360
30	4.1709	3.3158	2.9223	2.6896	2.5336	2.4205	2.3343	2.2662	2.2107
32	4.1491	3.2945	2.9011	2.6684	2.5123	2.3991	2.3127	2.2444	2.1888
34	4.1300	3.2759	2.8826	2.6499	2.4936	2.3803	2.2938	2.2253	2.1696
36	4.1132	3.2594	2.8663	2.6335	2.4772	2.3638	2.2771	2.2085	2.1526
38	4.0982	3.2448	2.8517	2.6190	2.4625	2.3490	2.2623	2.1936	2.1375
40	4.0847	3.2317	2.8387	2.6060	2.4495	2.3359	2.2490	2.1802	2.1240
45	4.0566	3.2043	2.8115	2.5787	2.4221	2.3083	2.2212	2.1521	2.0958
50	4.0343	3.1826	2.7900	2.5572	2.4004	2.2864	2.1992	2.1299	2.0734
60	4.0012	3.1504	2.7581	2.5252	2.3683	2.2541	2.1665	2.0970	2.0401
70	3.9778	3.1277	2.7355	2.5027	2.3456	2.2312	2.1435	2.0737	2.0166
80	3.9604	3.1108	2.7188	2.4859	2.3287	2.2142	2.1263	2.0564	1.9991
90	3.9469	3.0977	2.7058	2.4729	2.3157	2.2011	2.1131	2.0430	1.9856
100	3.9361	3.0873	2.6955	2.4626	2.3053	2.1906	2.1025	2.0323	1.9748
∞	3.8415	2.9957	2.6049	2.3719	2.2141	2.0986	2.0096	1.9384	1.8799

付表 D　F 分布

$\alpha = 0.05$

10	15	20	25	30	35	40	50	100	∞
241.882	245.950	248.013	249.260	250.095	250.693	251.143	251.774	253.041	254.314
19.3959	19.4291	19.4458	19.4558	19.4624	19.4672	19.4707	19.4757	19.4857	19.4957
8.7855	8.7029	8.6602	8.6341	8.6166	8.6039	8.5944	8.5810	8.5539	8.5264
5.9644	5.8578	5.8025	5.7687	5.7459	5.7294	5.7170	5.6995	5.6641	5.6281
4.7351	4.6188	4.5581	4.5209	4.4957	4.4775	4.4638	4.4444	4.4051	4.3650
4.0600	3.9381	3.8742	3.8348	3.8082	3.7889	3.7743	3.7537	3.7117	3.6689
3.6365	3.5107	3.4445	3.4036	3.3758	3.3557	3.3404	3.3189	3.2749	3.2298
3.3472	3.2184	3.1503	3.1081	3.0794	3.0586	3.0428	3.0204	2.9747	2.9276
3.1373	3.0061	2.9365	2.8932	2.8637	2.8422	2.8259	2.8028	2.7556	2.7067
2.9782	2.8450	2.7740	2.7298	2.6996	2.6776	2.6609	2.6371	2.5884	2.5379
2.8536	2.7186	2.6464	2.6014	2.5705	2.5480	2.5309	2.5066	2.4566	2.4045
2.7534	2.6169	2.5436	2.4977	2.4663	2.4433	2.4259	2.4010	2.3498	2.2962
2.6710	2.5331	2.4589	2.4123	2.3803	2.3570	2.3392	2.3138	2.2614	2.2064
2.6022	2.4630	2.3879	2.3407	2.3082	2.2845	2.2664	2.2405	2.1870	2.1307
2.5437	2.4034	2.3275	2.2797	2.2468	2.2227	2.2043	2.1780	2.1234	2.0658
2.4935	2.3522	2.2756	2.2272	2.1938	2.1694	2.1507	2.1240	2.0685	2.0096
2.4499	2.3077	2.2304	2.1815	2.1477	2.1229	2.1040	2.0769	2.0204	1.9604
2.4117	2.2686	2.1906	2.1413	2.1071	2.0821	2.0629	2.0354	1.9780	1.9168
2.3779	2.2341	2.1555	2.1057	2.0712	2.0458	2.0264	1.9986	1.9403	1.8780
2.3479	2.2033	2.1242	2.0739	2.0391	2.0135	1.9938	1.9656	1.9066	1.8432
2.2967	2.1508	2.0707	2.0196	1.9842	1.9581	1.9380	1.9092	1.8486	1.7831
2.2547	2.1077	2.0267	1.9750	1.9390	1.9124	1.8920	1.8625	1.8005	1.7330
2.2197	2.0716	1.9898	1.9375	1.9010	1.8740	1.8533	1.8233	1.7599	1.6906
2.1900	2.0411	1.9586	1.9057	1.8687	1.8414	1.8203	1.7898	1.7251	1.6541
2.1646	2.0148	1.9317	1.8782	1.8409	1.8132	1.7918	1.7609	1.6950	1.6223
2.1425	1.9920	1.9083	1.8544	1.8166	1.7886	1.7670	1.7356	1.6687	1.5943
2.1231	1.9720	1.8877	1.8334	1.7953	1.7670	1.7451	1.7134	1.6454	1.5694
2.1061	1.9543	1.8696	1.8149	1.7764	1.7478	1.7257	1.6936	1.6246	1.5471
2.0909	1.9386	1.8534	1.7983	1.7596	1.7307	1.7084	1.6759	1.6060	1.5271
2.0772	1.9245	1.8389	1.7835	1.7444	1.7154	1.6928	1.6600	1.5892	1.5089
2.0487	1.8949	1.8084	1.7522	1.7126	1.6830	1.6599	1.6264	1.5536	1.4700
2.0261	1.8714	1.7841	1.7273	1.6872	1.6571	1.6337	1.5995	1.5249	1.4383
1.9926	1.8364	1.7480	1.6902	1.6491	1.6183	1.5943	1.5590	1.4814	1.3893
1.9689	1.8117	1.7223	1.6638	1.6220	1.5906	1.5661	1.5300	1.4498	1.3529
1.9512	1.7932	1.7032	1.6440	1.6017	1.5699	1.5449	1.5081	1.4259	1.3247
1.9376	1.7789	1.6883	1.6286	1.5859	1.5537	1.5284	1.4910	1.4070	1.3020
1.9267	1.7675	1.6764	1.6163	1.5733	1.5407	1.5151	1.4772	1.3917	1.2832
1.8307	1.6664	1.5705	1.5061	1.4591	1.4229	1.3940	1.3501	1.2434	1.0000

参考文献

統計分析・分析手法関連

[1] 浅野正彦・矢内勇生：Stata による計量政治学，オーム社 (2013)，320 p

[2] 日野愛郎・田中愛治（編）：世論調査の新しい地平—CASI 方式世論調査，勁草書房 (2013)，327 p

[3] 肥前洋一：実験室実験による投票研究の課題と展望，選挙研究，第 27 巻，第 1 号，16–25 (2011)

[4] 細野助博：政策統計—「公共政策」の分析ツール，中央大学出版部 (2005)，306 p

[5] 飯田健：R で学ぶデータサイエンス 14 計量政治分析，共立出版 (2013)，147 p

[6] 池田央（編）：統計ガイドブック，新曜社 (1989)，239 p

[7] 伊藤修一郎：政策リサーチ入門—仮説検証による問題解決の技法，東京大学出版会 (2011)，232 p

[8] 小西貞則：多変量解析入門—線形から非線形へ，岩波書店 (2010)，306 p

[9] 増山幹高・山田真裕：計量政治分析入門，東京大学出版会 (2004)，175 p

[10] 松原望：統計学，東京図書 (2013)，320 p

[11] 松原望・飯田敬輔（編）：国際政治の数理・計量分析入門，東京大学出版会 (2012)，260 p

[12] 村瀬洋一・高田洋・廣瀬毅士（編）：SPSS による多変量解析，オーム社 (2007)，349 p

[13] Mark Rodeghier（著），西澤由隆・西澤浩美（訳）：誰にでもできる SPSS によるサーベイリサーチ，丸善 (1997)，232 p

[14] 西平重喜：世論をさがし求めて—陶片追放から選挙予測まで，ミネルヴァ書房 (2009)，265 p

[15] 太郎丸博：人文・社会科学のためのカテゴリカル・データ解析入門，ナカニシヤ出版 (2005)，241 p

[16] 東京大学教養学部統計学教室（編）：人文・社会科学の統計学，東京大学出版会 (1994)，404 p

[17] Vogt, WP., Johnson, RB.: Dictionary of statistics & methodology: a non-technical guide for the social sciences, 4th edition. Sage Publications (2011), 456 p

[18] 柳井晴夫・緒方裕光（編著）：SPSS による統計データ解析—医学・看護学，生物学，心理学の例題による統計学入門，現代数学社 (2006), 359 p

[19] Weisberg, HF., Krosnick, JA., et al.: An Introduction to Survey Research, Polling, and Data Analysis, 3rd Edition. Sage Publications (1996), 408 p

政治学関連

[20] 浅野正彦：市民社会における制度改革—選挙制度と候補者リクルート，慶應義塾大学出版会 (2006), 304 p

[21] Coleman, JS.: Foundations of Social Theory. Belknap Press (1998), 1014 p

[22] 福元健太郎：立法の制度と過程，木鐸社 (2007), 230 p

[23] 平野浩：変容する日本の社会と投票行動，木鐸社 (2007), 202 p

[24] 樋渡展洋・斉藤淳（編）：政党政治の混迷と政権交代，東京大学出版会 (2011), 269 p

[25] 飯尾潤（編）：政権交代と政党政治，中央公論新社 (2013), 278 p

[26] 池田謙一：政治のリアリティと社会心理—平成小泉政治のダイナミックス，木鐸社 (2007), 313p,

[27] 今井亮佑・日野愛郎：「二次的選挙」としての参院選，選挙研究，第 27 巻，2 号，5–19 (2011)

[28] 蒲島郁夫・竹中佳彦：イデオロギー，東京大学出版会 (2012), 341 p

[29] 河村和徳：市町村合併をめぐる政治意識と地方選挙，木鐸社 (2010), 180 p

[30] 河村和徳：利益団体内の動態と政権交代—農業票の融解，年報政治学 2011-II 政権交代期の「選挙区政治」，33–51 (2011)

[31] 河村和徳：『我田引鉄』再考，レヴァイアサン，第 52 号，43–63 (2013)

[32] 河村和徳：東日本大震災と地方自治，ぎょうせい (2014), 228 p

[33] 川人貞史：日本の政党政治 1890–1937 年—議会分析と選挙の数量分析，東京大学出版会 (1992), 308 p

[34] 川人貞史：選挙制度と政党システム，木鐸社 (2004), 289 p

[35] 小林良彰：計量政治学，成文堂 (1985), 281 p

[36] 小林良彰：地方自治体の財政をめぐる政治学，レヴァイアサン，第 6 号，69–92 (1990)

[37] A. レイプハルト（著），粕屋祐子（訳）：民主主義対民主主義—多数決型とコンセンサス型の 36 ヶ国比較研究（原著第 1 版），勁草書房 (2005), 282 p

[38] A. ルピア・M. D. マカビンズ（著），山田真裕（訳）：民主制のディレンマ（改訂版），木鐸社 (2013), 278 p
[39] 増山幹高：議会制度と日本政治—議事運営の計量政治学，木鐸社 (2003), 291 p
[40] 増山幹高：小選挙区比例代表並立制と二大政党制—重複立候補と現職有意，レヴァイアサン，第 52 号，8–42 (2013)
[41] 三船毅：現代日本における政治参加意識の構造と変動，慶應義塾大学出版会 (2008), 368 p
[42] 三宅一郎：政党支持の分析，創文社 (1985), 384 p
[43] 三宅一郎・西澤由隆 他：55 年体制下の政治と経済—時事世論調査データの分析，木鐸社 (2001), 230 p
[44] 水崎節文・森裕城：総選挙の得票分析 1958-2005，木鐸社 (2007), 235 p
[45] 村松岐夫・久米郁男（編著）：日本政治変動の 30 年—政治家・官僚・団体調査に見る構造変容，東洋経済新報社 (2006), 358 p
[46] 日経グローカル（編）：地方議会改革の実像—あなたのまちをランキング，日本経済新聞出版社 (2011), 310 p
[47] 大森彌・佐藤誠三郎（編）：日本の地方政府，東京大学出版会 (1986), 276 p
[48] 斉藤淳：自民党長期政権の政治経済学—利益誘導政治の自己矛盾，勁草書房 (2010), 247 p
[49] 佐藤博樹・石田浩 他（編）：社会調査の公開データ—2 次分析への招待，東京大学出版会 (2000), 260 p
[50] 曽我謙悟・待鳥聡史：日本の地方政治—二元代表制政府の政策選択，名古屋大学出版会 (2007), 335 p
[51] 砂原庸介：地方政府の民主主義—財政資源の制約と地方政府の政策選択，有斐閣 (2011), 230 p
[52] 谷口尚子：現代日本の投票行動，慶應義塾大学出版会 (2005), 196 p
[53] 辻中豊・R. ペッカネン 他：現代日本の自治会・町内会—第 1 回全国調査にみる自治力・ネットワーク・ガバナンス，木鐸社 (2009), 259 p
[54] 上神貴佳・堤英敬：民主党の組織と政策—結党から政権交代まで，東洋経済新報社 (2011), 279 p
[55] 綿貫譲治・三宅一郎 他：日本人の選挙行動，東京大学出版会 (1986), 329 p
[56] 善教将大：日本における政治への信頼と不信，木鐸社 (2013), 280 p

索　引

■ あ

$I \times J$ 分割表　92
ICPSR　27
赤池の情報量基準　77
アジアン・バロメータ調査　27
アドイン　10
R　10
アルゴリズム　77
アルファ因子法　115
アンケート　13
アンケート調査　16

意向調査　16
1 次の表　101
1 変量時系列モデル　142
移動平均法　138
イメージ因子法　115
依頼状　26
因果関係　61
因子寄与　115
因子構造　119
因子パターン　119
因子負荷　114
因子分析　113
インターネット調査　18

上側確率　49
上側四分位数　42
ウェルチの t 検定　51

ウォード法　131

SSJDA　27
SPSS　10
X 軸　39
F 値　65
F 分布　65
円グラフ　39

応募法　15
大型計算機　11
オッズ比　82
帯グラフ　40
折れ線グラフ　39

■ か

カイ 2 乗検定　100
カイ 2 乗値　94
カイ 2 乗分布　65
回帰係数　62
回帰式　68
回帰直線　50, 62
回帰分析　56, 62
回帰平方和　63
カイザー・ガットマン基準　108
回収率　14
階層的クラスター分析　126
外的基準　125
確率比例抽出法　19
確率変数　37

確率密度関数　35
仮説　46
片側検定　48
カテゴリー変数　9
カプラン・マイアー法　143
加法モデル　138
間隔尺度　4
観測度数　92
観測変数　113

機縁法　15
幾何平均　36
聞蔵Ⅱビジュアル　140
危険率　48
疑似関係　59
疑似決定係数　86
記述統計　30
記述統計学　49
基準カテゴリー　75
季節調整　138
期待度数　94
帰無仮説　47
逆関数　82
逆対　97
逆方向の対　97
共通因子　114
共通性　114
共分散構造分析　116
許容度　76
距離　126
寄与率　107

鎖効果　134
グッドマン・クラスカルの γ　97
区分線　40
蜘蛛の巣グラフ　44
クラスター分析　125
クラスタリング　125

グラフ　30
クラメールの V　95
クラメールの連関係数　95
クロス表　91
群平均法　130

傾聴　25
系統抽出法　19
欠損値　7
決定係数　63
検定　31
原データ　1
ケンドールの τ_b　97

交互作用効果　89, 90
構造方程式　116
国勢調査　2
コサイン類似度　129
個人情報　17
個人情報保護法　24
コックス・スネルの決定係数　86
コックスの比例ハザードモデル　143
コードブック　11
個票データ　2
固有値　107
固有ベクトル　106
コレスポンデンス分析　122
コレログラム　139

■ さ

最遠距離法　130
最小値　31
最小二乗法　61, 62
最大値　31
最短距離法　130
最頻値　35
最尤法　82
サーヴェイ　16

索 引　161

SAS　10
残差　62
残差平方和　62, 63
3重クロス表　101
算術平均　30
参照カテゴリー　75
散布図 (scatter diagram)　42
サンプリング台帳　18

JES調査　26
CASI方式　15
時系列分析　136
時系列モデル　139
自己回帰移動平均モデル　143
自己回帰モデル　142
自己回帰和分移動平均モデル　143
自己相関係数 (ACF)　139
下側確率　49
下側四分位数　42
悉皆調査　2
実験　2
実測値　62
実態調査　16
質的変数　9
ジニ係数 (Gini's coefficient)　43
四分点相関係数　96
社会調査法　16
斜交解　116
斜交回転　116
斜交モデル　116
主因子法　115
重回帰分析　62
自由記述　26
集計データ　3
重心法　131
重相関係数　115
従属変数　58
自由度　49

自由度調整済み決定係数　64
住民基本台帳　20
主効果　90
主成分負荷　107
主成分分析　77, 103
主成分法　115
順序尺度　4
順序ロジスティック回帰分析　89
順対　97
小規模標本調査　101
乗法モデル　138
信頼区間　37
信頼係数　37

推測統計学　50
推定　16
数量化理論　123
数量化理論Ⅰ類　124
数量化理論Ⅱ類　124
数量化理論Ⅲ類　122
数量化理論Ⅳ類　124
Stata　10
スチュアートのτ_c　97
スチューデントのt検定　50
ステップワイズ法　77

正規分布　34
生存分析　143
正の相関　56
政府統計の総合窓口　iv
世界価値観調査　27
z得点　36
説明変数　58
セル　92
選挙人名簿　20
全国世論調査の現況　16
潜在変数　113
センサス　2

全数調査　2
選択肢　15
尖度　36
全平方和　63

相関行列　106
相関係数　56
相関分析　56
相乗平均　36
層別抽出法　19
ソマーズの d　97

■ た

対数線形モデル　102
対数尤度　86
対立仮説　47
多項ロジスティック回帰分析　87
多次元尺度構成法 (MDS)　124
多重共線性　58
多重クロス表　102
多段抽出法　19
タブレット PC　15
多変量解析　57
多変量時系列モデル　142
多峰型　42
ダミー変数　5
単回帰分析　56, 62
単純構造　116
単峰型　42

中位投票者　32
中央値　32
抽出間隔　20
抽出単位　19
中心極限定理　36
調査　1
調査員　17
調査リテラシー　14

調和平均　36
直交解　116
直交回転　116
直交モデル　116

t 検定　49
定数　4
定数項　62
t 値　50
t 分布　49
データ・アーカイブ　27
データセット　1, 9
デンドログラム　126
電話調査　18

統計学的仮説検定　16
統計法　iv
同方向の対　97
独自因子　114
督促　26
独立変数　58
ドーナツグラフ　40

■ な

内閣府　14
ナーゼルカークの決定係数　86

2 項ロジスティック回帰分析　87
2 値変数　80
日経 NEEDS　3
日経テレコン 21　140

■ は

箱ひげ図　42
パス図　68
外れ値　31
パーソナルコンピュータ　11
パネル調査　26

索引 163

バリマックス回転　116
範囲　32
反応変数　81
判別分析　124

ピアソンのカイ2乗値　94
ピアソンの積率相関係数　56
ヒアリング　v
非階層的クラスター分析　126
比較調査　26
比尺度　4
ヒストグラム　41
被説明変数　58
非線形回帰　79
p 値　48
ビッグデータ　66
非標本誤差　14
ヒューマン・エラー　14
標準化　36
標準化回帰係数　70
標準正規分布　35
標準得点　36
標準偏差　33
表側　92
表頭　92
標本　2
標本誤差　14
標本数　37
標本調査　2
標本分散　34
標本平均　31
比率尺度　4
比例尺度　4

φ 係数　96
フィッシャーの正確検定　101
負の相関　56
不偏推定量　50

不偏分散　34
プレ調査　25
プロビット関数　82
プロビット分析　82
プロマックス回転　119
分散　33
分散拡大要因 (VIF)　76
分散共分散行列　108

β 係数　70
偏回帰係数　70
偏差　33
偏差値　35
偏差平方和　33
偏自己相関係数 (PACF)　139
変数　4
変数減少法　77
変数増加法　77
偏相関係数　60

棒グラフ　38
訪問面接法　17
訪問留置法　17
母決定係数　64
母集団　2
母数　49
母相関係数　61
ボックス・ジェンキンス法　143
母分散　34
母平均　30

■ま

Microsoft Windows　13
Microsoft Excel　9
毎索　140
-2 対数尤度（尤度比統計量）　87
マークシート　15
マクファーデンの決定係数　86

マスメディア　13
マハラノビス汎距離　126
マローズの予測基準　77
マンハッタン距離　127

見かけ上の相関　58
ミンコフスキー距離　126

無回答の誤差　14
無作為抽出法　15
無相関　61

名義尺度　4

模擬投票　13

■ や ─────────

有意　31
有意確率　48
有意水準　35, 46
有意選出法　15
郵送法　18
尤度比のカイ 2 乗値　94
ユークリッド距離　126
ユークリッド平方距離　126
ユールの Q　96
ユールの連関係数　96

予測値　62
ヨミダス歴史館　140
世論調査　2

■ ら ─────────

ラグ　139
ラグランジュの未定乗数法　105
ランダム・デジット・ダイヤリング
　(RDD)　24

両側検定　48

量的変数　9

類似度　126
累積関数　82
RUDA　27
ルビーンの検定　51

0 次の表　101
レーダーチャート　44
連関係数　95

ロジスティック回帰分析　81
ロジスティック関数　81
ローレンツ曲線　43

■ わ ─────────

Y 軸　39
歪度　36
ワークステーション　11
割当法　15

[著者紹介]

河村　和徳 (かわむら　かずのり)

1998年　慶應義塾大学大学院法学研究科博士課程単位取得退学
現　在　東北大学大学院情報科学研究科 准教授
専　門　政治学
主　著　「東日本大震災と地方自治」ぎょうせい (2014)
　　　　「市町村合併をめぐる政治意識と地方選挙」木鐸社 (2010)

クロスセクショナル統計シリーズ 2

政治の統計分析

Series on Cross-disciplinary
Statistics: Vol.2
An Introduction of Data Analysis
for Political Science

2015年3月15日　初版1刷発行

検印廃止

NDC 311.19, 350.1, 417
ISBN 978-4-320-11119-6

著　者　河村和徳　ⓒ 2015
発行者　南條光章
発行所　共立出版株式会社

〒112-0006
東京都文京区小日向4丁目6番19号
電話　（03）3947-2511（代表）
振替口座　00110-2-57035
URL http://www.kyoritsu-pub.co.jp/

印　刷
製　本　藤原印刷

一般社団法人
自然科学書協会
会員

Printed in Japan

JCOPY ＜(社)出版者著作権管理機構委託出版物＞
本書の無断複写は著作権法上での例外を除き禁じられています。複写される場合は、そのつど事前に、(社)出版者著作権管理機構（電話 03-3513-6969、FAX 03-3513-6979、e-mail: info@jcopy.or.jp）の許諾を得てください。

Rで学ぶデータサイエンス

金 明哲 [編集] / 全20巻

本シリーズは「R」を用いたさまざまなデータ解析の理論と実践的手法を，読者の視点に立って「データを解析するときはどうするのか？」「その結果はどうなるか？」「結果からどのような情報が導き出されるのか？」を分かり易く解説。【各巻：B5判・並製】

1 カテゴリカルデータ解析
藤井良宜著　カテゴリカルデータの取り扱い／カテゴリカルデータの集計とグラフ表示／比率に関する分析／2元分割表の解析他 192頁・本体3300円

2 多次元データ解析法
中村永友著　統計学の基礎／Rの基礎／線形回帰モデル／判別分析／ロジスティック回帰モデル／主成分分析法他 264頁・本体3500円

3 ベイズ統計データ解析
姜 興起著　Rによるファイルの操作とデータの視覚化／ベイズ統計解析の基礎／線形回帰モデルに関するベイズ推測他 248頁・本体3500円

4 ブートストラップ入門
汪 金芳・桜井裕仁著　Rによるデータ解析の基礎／ブートストラップ法の概説／推定量の精度のブートストラップ推定他 248頁・本体3500円

5 パターン認識
金森敬文・竹之内高志・村田 昇著　判別能力の評価／k-平均法／階層的クラスタリング／混合正規分布モデル／判別分析他 288頁・本体3700円

6 マシンラーニング 第2版
辻谷將明・竹澤邦夫著　重回帰／関数データ解析／Fisherの判別分析／一般化加法モデル（GAM）による判別／樹形モデルとMARS他 288頁・本体3700円

7 地理空間データ分析
谷村 晋著　地理空間データ／地理空間データの可視化／地理空間分布パターン／ネットワーク分析／地理空間相関分析他 258頁・本体3700円

8 ネットワーク分析
鈴木 努著　ネットワークデータの入力／最短距離／ネットワーク構造の諸指標／中心性／ネットワーク構造の分析他 192頁・本体3300円

9 樹木構造接近法
下川敏雄・杉本知之・後藤昌司著　分類回帰樹木法とその周辺／検定統計量に基づく樹木／データピーリング法とその周辺他 228頁・本体3500円

10 一般化線形モデル
粕谷英一著　一般化線形モデルとその構成要素／最尤法と一般化線形モデル／離散的データと過分散／擬似尤度／交互作用他 224頁・本体3500円

11 デジタル画像処理
勝木健雄・蓬来祐一郎著　デジタル画像の基礎／幾何学的変換／色，明るさ，コントラスト／空間フィルタ／周波数フィルタ他 258頁・本体3700円

12 統計データの視覚化
山本義郎・飯塚誠也・藤野友和著　統計データの視覚化／Rコマンダーを使ったグラフ表示／Rにおけるグラフ作成の基本／他 236頁・本体3500円

13 マーケティング・モデル 第2版
里村卓也著　マーケティング・モデルとは／R入門／確率・統計とマーケティング・モデル／市場反応の分析と普及の予測他　2015年4月発売予定

14 計量政治分析
飯田 健著　統計的推論：政党支持におけるジェンダーギャップ／最小二乗法による回帰分析：政府のパフォーマンスの決定要因他 160頁・本体3500円

15 経済データ分析
野田英雄・姜 興起・金 明哲著　統計学の基礎／国民経済計算／Rに基本操作／時系列データ分析／産業連関分析／回帰分析他　続　刊

16 金融時系列解析
川﨑能典著　時系列オブジェクトの基本操作／一変量時系列モデル／非定常性時系列モデル／時系列回帰分析／他　続　刊

17 社会調査データ解析
鄭 躍軍・金 明哲著　R言語の基礎／社会調査データの特徴／標本抽出の基本方法／社会調査データの構造／調査データの加工他 288頁・本体3700円

18 生物資源解析
北門利英著　確率的現象の記述法／統計的推測の基礎／生物学的パラメータの統計的推定／生物学的パラメータの統計的検定他　続　刊

19 経営と信用リスクのデータ科学
董 彦文著　経営分析の概要／経営実態の把握法／経営指標の予測／経営指標間の因果関係分析／企業・部門の差異評価他　続　刊

20 シミュレーションで理解する回帰分析
竹澤邦夫著　線形代数／分布と検定／単回帰／重回帰／赤池の情報量基準（AIC）と第三の分散／線形混合モデル／他 240頁・本体3500円

http://www.kyoritsu-pub.co.jp/

共立出版

税別価格（価格は変更される場合がございます）

https://www.facebook.com/kyoritsu.pub